SERVICE POWER

훌륭한 인품을 위한 첫걸음

서비스 파워

문소윤 저

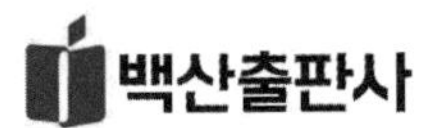
백산출판사

머리말

서비스는 선택일까요, 필수일까요?

서비스라면 대부분의 사람들은 호텔, 레스토랑 등을 연상하게 됩니다. 예전에는 이와 같이 레스토랑, 호텔 직원이나 항공사 직원 등의 직업에 국한하여 그 방면에 종사하는 직업인을 서비스 종사자라고 칭해왔습니다. 그러나 현대사회는 '모든 직업이 서비스업'이라는 것을 부정할 사람은 없을 겁니다. 과거에는 특정 제품을 이용하는 고객에게 서비스를 제공하는 직군이 따로 분류되어 있을 정도로 서비스라는 것이 보편화되지 않았지만 현재는 모든 직업에 서비스를 제공하는 마음가짐을 가져야 하는 시대가 되었습니다. 이 세상에 존재하는 모든 직업인이 바로 서비스인(人)이라고 할 수 있습니다. 그래서 저는 서비스인을 고객에게 서비스를 제공하는 역할을 하는 사람으로, 서비스 종사원, 서비스 종업원, 서비스 제공자 등과 같은 의미의 통용화된 직업적 개념으로 사용하고자 합니다.

서비스는 이제 선택이 아니라 필수인 시대이고, 이러한 시대에서 살아가는 우리는 서비스에 대해 얼마나 제대로 알고 있는지 한번쯤 생각해 보아야 합니다. 학생이라서, 전업주부라서, 서비스가 자신과 관계 없다고 생각하시는 분들도 계실 겁니다. 그런데 우리가 일상생활을 하며 만나는 사람들과의 관계에 있어서도 서비스는 필요합니다. 그들과 전화 통화도 하고, 그들과 함께 대화도 나누고, 그들과 함께 식당에도 갑니다. 그러한 상황에서 상대방을 배려하는 마음, 그 마음이 행동으로 이어지는 것이 매너입니다. 이것이 바로 서비스의 한 부분입니다. 그래서 서비스는 우리가 살아가는 데 필요한 생활양식이라고 말씀드리고 싶습니다.

따라서 저는 '훌륭한 서비스를 제공할 수 있고, 제공받을 수 있는 사람이야말로 훌륭한 인품을 갖춘 사람'이라고 생각합니다. 서비스의 중요성을 보다 널리 알리고 싶고, 올바르고 정확한 정보를 제공하기 위한 서비스 교재의 필요성을 느끼게 되어 다년간의 서비스와 관련된 강의 경험과 관련 분야의 학자와 전문가들이 발표한 저서 및 학술논문을 바탕으로 이 책을 저술하게 되었습니다.

이 책은 서비스와 고객에 대한 이해를 돕기 위한 이론을 설명한 '고객 서비스', 서비스인이 기본적으로 갖춰야 할 항목을 담은 '서비스 기본 과정', 서비스인이 현장에서 더욱 세련되고 신뢰를 높일 수 있는 매너에 관한 내용을 실은 '서비스 숙련 과정'의 세 Chapter로 구성하였습니다. 더불어 각 주별 주제와 학습목표를 제시하여 체계적으로 구성하였습니다. 서비스에 대한 기본 지식을 갖추고 싶은 분, 처음 직장생활을 시작하여 서비스 분야에 대한 정보가 필요한 분, 전문 서비스 분야에서 일하기를 희망하는 분, 서비스에 특별히 관심을 갖고 계신 분에게도 지침서 역할을 할 것으로 믿습니다.

출간을 준비하면서 많은 분들에게 도움을 받았습니다. 멋진 조언을 해주셨던 모든 분들에게 고마운 마음을 진심으로 전하고 싶습니다. 한 분 한 분, 일일이 이곳에 나열하기 어려움을 이해해 주시기 바랍니다. 끝으로 이 책이 나오기까지 성심성의껏 도와주시고 섬세하게 챙겨주신 출판사 관계자분들께도 감사함을 전합니다.

2015. 08

저자 문 소 윤

차 례

Chapter 1. Customer Service _ 고객 서비스

Chapter 2. Basic Service Program _ 서비스 기본 과정

Chapter 3. Technical Service Program _ 서비스 숙련 과정

SERVICE

Customer Service

고객 서비스

- 1주차 오리엔테이션
- 2주차 서비스의 이해
- 3주차 서비스의 특징
- 4주차 고객의 이해
- 5주차 고객만족의 의의

오리엔테이션

1. 서비스의 교육목표와 학습효과를 이해한다.
2. 강의 계획서를 통하여 수업의 개요와 수업 진행을 이해한다.

주별 강의 계획

주	주제	수업 내용	수업 진행	비고
1(/)	오리엔테이션	• 강의 계획 및 평가 방법 • 수업 진행 방법 및 설명 • 수업 전 평가	• 강의	• 설문지
2(/)	서비스의 이해	• 서비스 어원 • 서비스 시대의 이해	• 강의 • 실습	
3(/)	서비스의 특징	• 서비스의 특성과 분류 • 서비스의 종류	• 강의 • 실습	
4(/)	고객의 이해	• 고객의 개념과 중요성 • 고객의 심리와 욕구	• 강의 • 실습	
5(/)	고객만족의 의의	• 고객만족의 개념 • 고객만족의 효과	• 강의 • 실습	
6(/)	서비스인의 얼굴 경영	• 인상과 첫인상 • 표정 관리와 연출	• 강의 • 실습	
7(/)	평가 1	• 1~6주차 수업 내용 평가		• 이론 평가
8(/)	서비스인의 바른 자세와 인사	• 바른 자세 • 올바른 인사	• 강의 • 실습	
9(/)	효과적인 서비스 커뮤니케이션 스킬	• 커뮤니케이션의 이해 • 커뮤니케이션의 유형	• 강의 • 실습	
10(/)	마음을 사로잡는 커뮤니케이션	• 칭찬기법 • 공감적 경청	• 강의 • 실습	
11(/)	서비스인의 전화응대	• 전화응대의 특성 • 상황별 전화응대	• 강의 • 실습	
12(/)	신뢰를 높이는 매너	• 에티켓과 매너 • 장소/이동수단의 매너	• 강의 • 실습	
13(/)	세련된 비즈니스 매너	• 차/소개/악수 매너 • 물건 수수 매너	• 강의 • 실습	
14(/)	평가 2	• 8~13주차 수업 내용 평가		• 이론 평가
15(/)	심화 / 향상 교육	• 심화교육 : 글로벌 매너 • 향상교육 : 복습	• 강의 • 실습	

01 주차 오리엔테이션

서비스의 이해

1. 서비스의 어원을 이해하고 정의할 수 있다.
2. 서비스 시대를 이해하고 과거와 현재의 서비스 특징을 구별할 수 있다.

Customer Service

서비스의 이해

서비스 사회는 현대사회를 상징하는 화두로 자리매김하였고, 서비스 산업의 규모가 커지면서 서비스에 대한 마케팅도 부각되고 있다. 이에 각국은 서비스 산업의 발전에 주력하고 있다. 앞으로 모든 산업에서 서비스가 차지하는 비중이 더 커지고 경쟁력 확보를 위한 차별화 포인트가 서비스로 집중되는 현상은 더욱 증가할 것이다.

1. 서비스의 어원

우리는 일상생활에서 서비스라는 용어를 자주 접하며 살지만 이의 의미에 대해 명쾌하게 대답할 수 있는 사람은 드물다. 서비스(service)의 어원은 노예라는 의미의 라틴어 'servus'에서 유래되어 '사람에게 시중을 들다'라는 의미의 'servant', 'servitude', 'servile'이라는 영어를 파생시켰다.

이처럼 초기의 서비스는 계급사회이던 고대와 중세의 봉건제도하에서 왕실, 귀족 등의 특권층을 대상으로 노예가 주인에게 충성을 바쳐

과거의 서비스 의미

- '노예·하인 계층의 의무적인 성격을 지닌 봉사행위'로 서비스를 인식, 즉 남에게 시중을 드는 노예와 같은 일로 간주

현대의 서비스 의미

- 상대방에게 소유권의 이전 없이 제공하는 무형적인 효용이나 활동을 통하여 만족과 기쁨을 주는 유·무형적 행위

거든다는 의미에서 출발하였음을 알 수 있다. 서비스의 개념은 시대와 사회의 변화에 따라 변모되었지만, 보편적으로 일상적인 봉사·무료라는 의미로 사용하게 되었다. 하지만 산업구조의 변화에 따라 학자, 시기, 상황에 따라 상이한 의미로 사용되어 왔으므로 서비스를 하나의 표현으로 정의하기는 힘들다. 서비스 자체가 다양하고 복합적인 특성을 지닌 탓에 포괄적 개념으로 이해해야 할 것으로 보인다.

우리나라 국어사전에서의 의미는 '남의 뜻을 받들어 섬김', '남을 위하여 자신을 돌보지 않고 노력함', '국가와 사회를 위하여 돌보지 않고 노력함'의 의미로 사용하며, 영어사전에서는 봉사, 돌봄, 용역, 근무, 접대, 시중, 조력, 공공편익, 종교의식, 수리와 보수 등의 다양한 개념으로 사용되고 있다.

여러 정의를 정리하면 서비스란 고객이 원하는 것을 제공해서 만족스럽게 하며, 그로 인해 부가가치를 높이기 위한 일련의 무형적 활동이라 정의할 수 있다. 더불어 고객서비스란 고객에게 만족을 주고 또 고객과 우호관계를 장기적으로 유지하면서 고객을 조직화하는 일련의 활동이라 정의할 수 있다.

표 1_ 서비스 의미의 패러다임

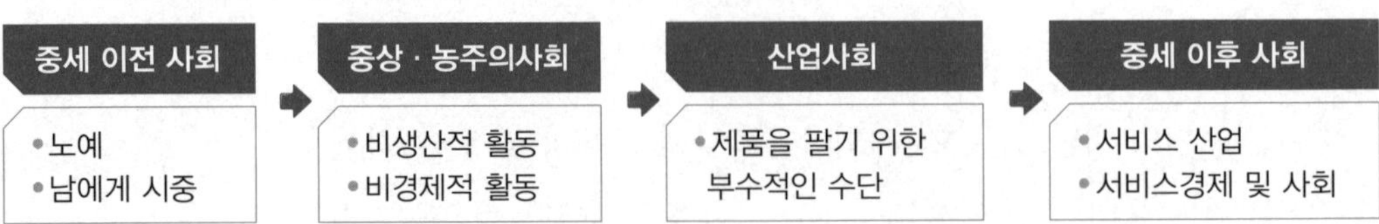

자료 : 서비스경영, 이정학, 기문사

2. 서비스 시대의 이해

가. 서비스 산업의 유래와 중요성

서비스에 대한 정의는 다양하지만 모두 공통적으로 무형성과 생산과 소비의 동시성 등의 특성을 가지고 있으며 서비스 활동은 제조활동 이상으로 오랜 역사를 보유하고 있다. 과거 고대사회에도 시장이 형성되기 전 자급자족 경제하에서 의료, 샤머니즘 등 인간의 기본생활을 영위하기 위한 서비스가 존재하고 있었다. 의술이나 민간요법 등의 의료서비스나 소규모 수업으로 학업이 진행되던 서당의 교육 서비스 그리고 봉화제도와 같은 통신 서비스 등은 그 예가 될 수 있다. 전문적인 직업의 형태가 아니라 공동체생활 속에서 일을 처리하는 과정에서 출현했던 것이다.

이렇게 긴 역사에도 불구하고 아직 서비스에 대한 이해가 부족하며 일반의 오해가 많은 것이 사실이다. 산업혁명 이전에도 유통과 중개, 금융 등을 비롯한 다양한 형태의 생산자 서비스가 발아하여 과거 자급자족 시대의 생활 패턴이 상당한 변화를 겪게 된다. 그리고 산업혁명 이후 본격적 시장 경제가 출현하고부터는 시장 메커니즘의 수요, 공급 원리에 의거하여 다양한 서비스가 나타나 과거 상부상조 활동이나 가사생활 등을 대체하게 되었다. 정보화 사회가 본격화되는 현대에는 정보기술을 이용한 각종 서비스가 시공(時空)의 제약을 제거해 나가고 있다.

거시적 관점에서 볼 때 경제는 농업, 임업, 어업 중심의 1차 산업과 제조업 중심의 2차 산업, 그리고 3차 산업인 서비스업으로 분류되는데, 경제가 진보하면서 1차 산업에서 2차 산업으로, 2차 산업에서 3차 산업인 서비스 산업으로 자본·노동력 및 소득의 비중이 옮겨진다.

서비스 사회란 국가의 경제구조 중 3차 산업인 서비스 산업의 비중이 50% 이상인 사회를 의미한다. 미국, 유럽연합(EU), 일본 등 선진국들은 이미 1970년대에 서비스 사회로 진입했고, 우리나라의 경우

1984년에 57%의 점유율을 기록하면서 서비스 사회에 진입하였다. 서비스 사회는 기술, 지식, 정보, 디자인 등의 무형적이면서 인적·기능적 서비스의 가치를 강조하는 사회이다. 소유가 아니라 편익과 즐거움을 향유하는 대가로 지불되는 지출 항목이 50%를 넘어선 사회이다.

21세기를 사는 기업과 개인에게 서비스는 중요한 전략적 가치를 지닌다. 서비스 산업의 규모와 중요성이 과거에 비해 증대하고, 새로운 유형의 서비스 산업이 탄생하고 있으며, 그러한 이유로 경제에 구조적 변화가 나타나고 있기 때문이다. 이에 따라 서비스는 어느 사회에서나 경제적 활동의 중심을 차지하고 서비스에 대한 이론적 관심 또한 높아지고 있다.

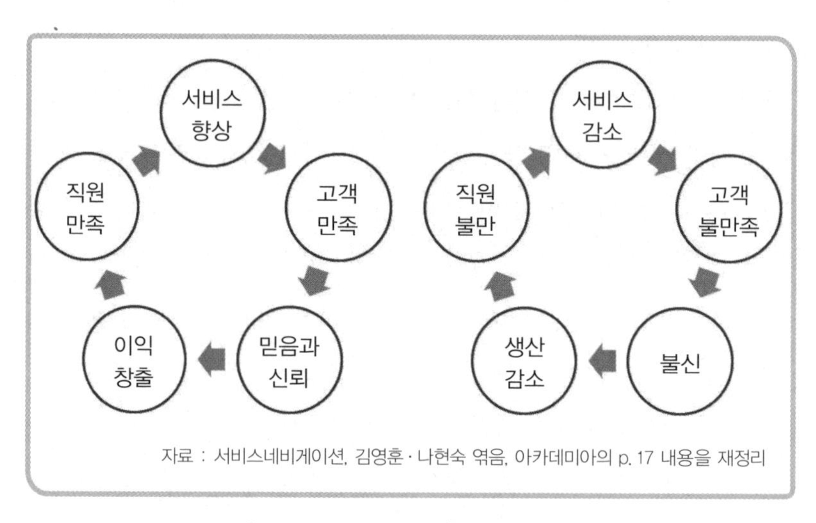

자료 : 서비스네비게이션, 김영훈 · 나현숙 엮음, 아카데미아의 p. 17 내용을 재정리

그림 1_ 서비스 사이클(Service Cycle)

3. 서비스인*의 마음가짐

'마음'은 일반적으로 '정신'이라는 말과 같은 뜻으로 쓰이기는 하지만, 엄밀하게 말해서 '마음'은 '정신'에 비해 훨씬 개인적이고 주관적인

***서비스인** : 본서의 저자는 서비스인을 고객에게 서비스를 제공하는 역할을 하는 사람으로, 서비스 종사원, 서비스 종업원, 서비스 제공자 등과 같은 의미의 통용화된 직업적 개념으로 사용함.

뜻으로 쓰이는 경우가 많고, 그 의미와 내용도 애매하다. 즉 심리학에서 말하는 '의식'이라는 뜻으로 쓰이는가 하면, 육체나 물질의 상대적인 말로서 철학상의 '정신' 또는 '이념'의 뜻으로 쓰이는 막연한 개념이 되었다.

'마음가짐'은 '마음의 자세'라고 할 수 있다. 예는 마음의 표현이다. 마음속에 가지고 있는 바를 겉으로 표현하는 것이 예이다. 그러므로 '모든 예절은 그 마음을 어떻게 갖느냐'에서 출발한다. 그 때문에 마음은 예절의 뿌리이며 시작이라고 할 수 있다. 올바른 마음을 가지고 있으면 예를 바로 지킬 수 있다. 예스러운 마음을 가지면 표정과 말과 행동이 예스러울 것이지만, 마음이 악하고 무례하면 그 말과 행동이 무례해진다. 마음이 어두우면 표정이 흐려지고, 심성이 악하면 표정이 표독해진다. 표정은 바로 마음의 거울로서 그 사람됨을 나타내는 전체라고 말할 수 있다.

서비스라 하면 대부분의 사람들은 호텔, 레스토랑 등을 연상하게 된다. 예전에는 이와 같이 레스토랑, 호텔 직원이나 항공사 직원 등의 직업에 국한되어 그 방면에 종사하는 직업인을 서비스인이라고 칭해 왔다. 그러나 실제로 오늘날 '모든 직업이 서비스업'이라고 하는 데 부정할 사람은 없을 것이다. 이 세상에 존재하는 모든 직업인이 바로 서비스인이기 때문이다.

모든 기업, 병원, 관공서, 기관, 개인 등 현대의 직업인은 예외 없이 고객을 대면하는 서비스인이다. 의사의 고객은 환자이다. 공무원의 고객은 지역에 살고 있는 주민이다. 교사의 고객은 학생이며, 한 국가의 대통령 또한 국민을 위해 봉사하는 서비스인이다. 이들 모두가 '고

> ✿ 서비스인은 한 사람 한 사람이 자기회사의 대표가 되는 것이므로 자주 정신을 가져야 한다. 따라서 고객이 마음의 문을 열고 자사의 서비스 상품을 이용하게 하려면 무엇보다 호감을 줄 수 있는 마음가짐과 서비스를 갖추어야 한다. 마음가짐은 그 자체가 서비스 기업에서 서비스 제공의 첫출발이자 핵심이라 할 수 있다.

객'을 상대로 고객만족을 위해 서비스하는 '서비스인'인 것이다. 세상의 모든 직업인이 서비스인이고 보면 그러한 서비스인들이 이 사회를 이루고 있는 구성원이라고 해도 과언이 아닐 것이다.

이 세상사람 누구나 할 것 없이 일상생활에서 고객의 입장이 되어 누군가에게서 서비스를 받고 수많은 서비스인들을 접하며 살아가고 있다. 또한 자신은 누군가에게 서비스를 제공하며 살아가는 것이다. 그러므로 최고의 서비스인이야말로 최고의 생활인이다.

즉 우리는 모두, 서비스를 제공받는 고객이다. 전기를 켜고 TV방송을 보고 전화도 건다. 버스를 타고 의사에게 가고, 편지를 발송하고 미용을 하거나 차에 기름도 넣는다. 이렇듯 우리의 일상은 전부 서비스업의 프로세스로 겹겹이 연결되어 있다. 업종뿐 아니라 개별 서비스 회사나 기관의 경유를 보아도 이는 다시 수많은 세부 서비스업으로 지탱됨을 알 수 있다. 병원, 호텔, 비행장 그리고 대학교 등에는 식당, 우체국, 기숙사, 세탁소 등등 수많은 서비스 관련 업체가 포함되어 있다. 이러한 서비스의 소비자인 고객은 제조회사가 생산한 물건을 사용할 때와는 달리 서비스인의 태도나 능력, 시설의 양호도, 전달시간의 적정성, 이용절차 등에 따라 그 만족 여부를 결정한다. 재화를 구입할 때, 우리가 사는 것은 물건의 기능이지만, 서비스를 구입할 때 우리가 사는 것은 인간의 마음이다. 따라서 서비스는 인간과의 만남이며, 살아 있는 생생한 체험이며 미래에 대한 약속이다.

수년 전만 해도 서비스는 양을 많이 주고 빨리 제공만 하면 훌륭하다고 하였다. 그러나 고도산업시대인 서비스 산업시대에 살고 있는 현대인들은 가처분소득이 상승하고 생활의 여유가 생김에 따라 점차 가격이나 양에 대해서는 신경을 쓰지 않게 되었고, 소위 질(quality)에 대한 욕구가 높아지게 되었다. 여기서 '질'이란 실용적 혹은 양적인 면보다는 심리적인 면에 더욱 강점을 두고 있다는 뜻이다. 따라서 앞으로 서비스 업체에서는 상품을 구성하는 데 있어 심리적 혹은 정서적 요소(factor)의 연출이 더욱 중요한 위치를 차지하게 될 것이다.

'사람이 다루는 일'에는 직원 외모가 아름답고 응대 기교만 있다고 해서 질 좋은 훌륭한 서비스인이라고 할 수는 없다. 이것은 숙달된 서비스는 될지언정 훌륭한 서비스(quality service)는 될 수 없기 때문이다. 모든 인간에게 있어 무엇보다 중요한 것은 정신 또는 마음이기 때문이다. 정신의 바탕, 즉 환대정신(hospitality spirits)의 바탕이 있어야 비로소 테크닉이 빛을 발할 수 있는 것이다.

서비스의 어원이 'servant'에서 유래됐지만, 서비스인은 서비스를 통해 자신의 이상을 실현하려는 사람일 뿐 고객의 하인이 아니다. 고객의 신뢰와 호감을 얻으려 노력하는 것일 뿐, 구걸이나 아첨을 하는 것이 아니다. 비굴한 마음에는 비천한 서비스만 있을 뿐이다. 노예상태의 수동적인 봉사가 아니라 서비스를 통해 자신의 이상을 실현하는 전문가의 행동이 서비스가 되어야 한다는 것이다. 이를 위해서는 상대의 요청·요구에 응하는 것은 서비스가 아니라 하인 근성을 벗어나지 못한 심부름일 뿐이라는 확고한 자기인식이 있어야 한다. 하인 근성을 탈피하지 못한다면 자신은 초라한 심부름꾼으로 전락하고 마는 것임을 명심해야 한다. 과도한 경어 사용, 불필요한 헤픈 웃음, 아첨하는 듯한 언행과 굽실거림 등의 지나친 응대는 상대의 경멸만을 야기한다. 하인에게 봉사를 받으면서 존경을 표하거나 정중한 대우를 하지는 않기 때문이다. 국제 신사 수준의 용모와 매너를 바탕으로 정중하고 당당한 서비스를 해야 한다.

'타인을 위한 봉사'라는 소극적인 서비스(be service)는 수동적인 마인드로서 스스로 부정적 인식을 생성시키면서 서비스를 통한 자기 구현에 장애요인으로 작용한다. 서비스를 '타인에 대한 배려를 통한 자기실현'이라는 적극적인 인식 아래 부단한 자기 계발로, 상황을 예견한 철저한 준비와 상대에 대한 관심과 배려로 사전 권유를 여유롭게 수행하는 전문가다운 서비스, 능동적 서비스(do service)를 통한 서비스인으로 거듭나야 한다.

표 2_ 서비스와 심부름의 차이

수동적 서비스(be service)		능동적 서비스(do service)	
명령 · 요구와 복종	감사 · 고수입 난망	예측과 배려, 권유	감사 · 고수입 가능
소극적 · 부정적	하인근성(servant)	적극적 · 긍정적	서비스 전문가 (service master)
심부름		서비스	

자료 : 서비스매너, 미래서비스아카데미, 새로미의 p. 28 내용을 재정리

서비스에는 완성을 향한 노력이 있을 뿐, 완성이 없다고 한다. 서비스를 생활의 수단이 아닌 자기실현의 장으로 만들도록 노력하면서 서비스 전문가를 향한 사다리를 올라야 한다. 고객은 서비스의 실습 상대가 아니다. 또한 언제나 기회를 주는 관대함을 갖고 있지 않다. '서비스가 너무 좋아서 싫다'는 고객은 없다. 고객이 매력을 느끼지 못하면 서비스가 아님을 인식해야 한다.

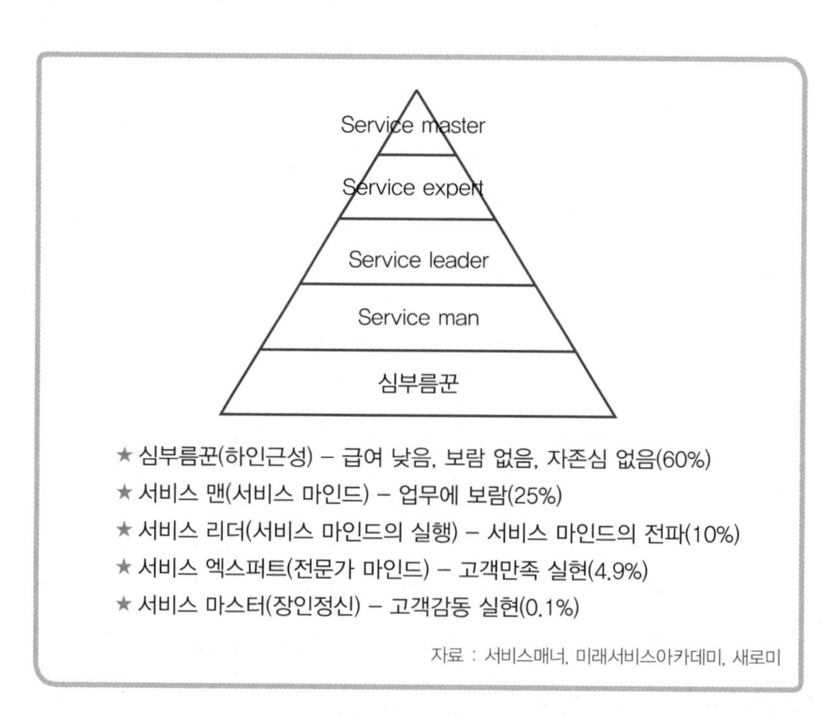

그림 2_ 서비스 피라미드(service pyramid)

상대에 대한 관심과 배려도, 표현력, 의사결정 스타일, 생활태도, 사교성을 기초로 만든 서비스 성향 진단 도구

서비스 성향 진단	점검
나는 처음 만난 사람과 대화하는 것을 좋아한다	
친구가 고민을 털어놓을 때 어떻게 해서든 해결해 주려고 노력하는 편이다	
나는 명절에 집안이 시끌벅적한 것이 좋다	
처음 본 사람들은 나에게 호감 가는 인상이라고 말한다	
친구가 오해를 하고 화를 내도 일단 참고 보는 성격이다	
길을 가다 누군가가 길을 물어보면 자세히 일러주는 편이다	
친구나 가족을 위해 깜짝 파티를 준비해 본 적이 있다	
친구들은 내가 매사에 긍정적이라고 한다	
나는 어른을 만날 때와 친구를 만날 때의 옷차림을 구분하는 편이다	
나는 한 가지 일을 짜증내지 않고 꾸준히 하는 편이다	
나는 상대의 얼굴만 봐도 마음상태를 알 수 있다	
나는 자원봉사나 후원금을 낸 적이 있다	
나는 주위사람들에게 상냥한 편이다	
약속이 있을 경우 털털한 모습으로 나가기보다 꾸미고 나가는 편이다	
지하철이나 버스를 타면 노약자에게 자리를 양보한다	
필요하다면 자존심을 버릴 용기가 있다	
주위사람들에 대해 관심이 많은 편이다	
평소에 설득력이 강한 편이다	
나는 사진을 찍을 때 활짝 웃는 모습이 자연스럽다	
문제를 해결할 때 감정보다는 이성을 앞세운다	
합계	

자료 : CS는 행동이다, CS PEOPLE, 도서출판 두남

20개 항목 중 총 16~20개(A형), 11~15개(B형), 6~10개(C형), 1~5개(D형)

A형 (16~20개)	당신은 타고난 서비스인입니다. 만약 서비스업을 택하면 고객만족을 아주 훌륭하게 실천할 수 있습니다. 지속적으로 단골 고객을 만들 수도 있고, 문제 해결 능력도 뛰어납니다. 사람을 직접 상대하는 직업이 가장 잘 어울립니다.
B형 (11~15개)	당신은 비교적 높은 서비스 성향을 가지고 있고 인간관계도 원만한 편입니다. 서비스업을 택해도 잘 어울릴 것 같습니다. 부족한 면이 있다면 아직 서비스 방법을 모르거나 충분한 자극을 주지 않았기 때문에 얼마든지 서비스를 잘할 능력이 있습니다.
C형 (6~10개)	당신은 잠재적으로 서비스 성향이 충분히 있습니다. 하지만 지금 충분한 동기부여가 되지 않아 능력이 발휘되지 못하고 있으며 어떤 때는 서비스를 잘 하다가 어떤 때는 문제가 생기는 등 변화가 조금 심한 편입니다. 약간 무뚝뚝한 편이어서 오락, 레저, 식당 등의 서비스보다는 증권이나 은행처럼 차분하고 정확성을 요하는 서비스가 더 잘 어울립니다. 만약 서비스업에 관심이 있다면 교육에 참여하거나 자기개발을 통해 능력을 보여줄 수 있습니다.
D형 (1~5개)	당신은 서비스업에 종사하기에는 부담스러운 서비스성향을 가지고 있습니다. 오히려 업무를 기획하거나 지원하는 쪽이 더 어울리겠네요. 반면, 본인 스스로 그러한 성향을 알고 있기 때문에 다른 사람의 서비스를 정확하게 평가할 수 있는 장점이 있습니다.

마음이 우러나야 행동이 달라진다

연구 결과, 기업의 장기적 성공은 해당 기업의 모든 활동에 적용되는 원칙, 가치, 신념 같은 토대 위에서만 가능한 것으로 나타났다. 그리고 이러한 원칙이 직원들의 몸에 배어 있을 때 여러 가지 작은 활동들을 통해 고객 서비스에 영향을 미치게 된다. 이 같은 일관된 노력이 신뢰를 만들고 그 신뢰를 바탕으로 세계 최고의 고객 관계가 확립되는 것이다.

이런 토대가 갖춰지지 않은 기업들은 항상 일시적 유행만 좇으며 접근방식에도 일관성이 없다. 그런 활동을 전체적으로 견인해 줄 강력한 무언가가 없기 때문이다. 그렇다 보니 고객도, 직원도 의심의 눈길을 보낼 때가 많다. 해당 기업이 추구하는 것이 정확히 무엇인지 알 수 없기 때문이다.

그러므로 고객 감동을 창조하고 커다란 변화를 일으키기 위해서는 당신이 하는 온갖 작은 활동들을 이런 원칙들에 맞춰 확인해 볼 필요가 있다.

고객을 모으는 5가지 마음자세

1. 정직하고 개방적으로 대한다.
2. 반갑고 따뜻하게 맞이한다.
3. 유연한 자세로 고객의 요구에 응한다.
4. 고객의 말은 일단 믿는다.
5. 고객을 위한 것이라면 그 무엇도 아까워하지 않는다.

『이런 직원 1명이 고객을 끌어 모은다』 중에서

02
주차
서비스의 이해
NOTE

서비스의 특징

1. 서비스의 특성을 이해하고 분류할 수 있다.
2. 서비스의 종류를 이해하고 구별할 수 있다.

서비스 산업이 확장되는 추세에서 서비스 분야에 대한 명확한 개념을 정립하려는 연구가 활발하게 진행되고 있다. 서비스 분야가 워낙 광범위하고 취급하는 품목 역시 다양하다 보니 서비스의 특성을 보다 명확히 이해하고 서비스를 어떻게 분류하고 있는지에 대해 알아보고자 한다.

1. 서비스의 특성

서비스는 물건이 아니라 일련의 행위 또는 과정으로써, 제품과 다른 특징을 가지고 있다. 제품의 경우 설비나 기계에 의존하는데 서비스는 사람에 의존하는 경향이 많고, 그 평가는 주로 고객에 의해 주관적으로 이루어지므로 객관적인 특정이 어렵고 구입자가 주관적으로 느끼는 만족과 효용에 의해 그 가격이 영향을 받는다. 이와 같이 서비스는 유형의 제품에서 볼 수 없는 여러 가지 특성을 가지고 있는데, 이는 서비스의 설계 시에 유념해야 할 중요한 사항이다.

서비스의 특성 4가지

• 무형성 • 비분리성 • 이질성 • 소멸성

가. 무형성(Intangibility)

서비스의 기본 특성은 형태가 없다는 것이다. 객관적으로 누구에게나 보이는 형태로 제시할 수 없으며 물체처럼 만지거나 볼 수 없다. 따라서 그 가치를 파악하거나 평가하기가 어려운데 법률, 의료서비스 등이 이런 특성을 잘 반영하고 있다.

서비스의 무형성은 두 가지 의미를 갖는다. 첫째, 실체를 보거나 만질 수 없다는 객관적 의미이다. 둘째는 보거나 만질 수 없기 때문에 그 서비스가 어떤 것인가를 상상하기 어렵게 된다는 주관적 의미이다. 이러한 서비스의 무형성으로 인해 서비스 상품은 진열하기 곤란하며 그에 대한 커뮤니케이션도 어렵다. 이와 같은 무형성으로 인하여 생기는 불확실성을 감소시키기 위해 구매자는 서비스에 관한 정보와 유형의 증거를 적극적으로 찾고자 한다. 예를 들어 레스토랑을 방문한 고객은 레스토랑의 외형, 주차장, 청결상태 등을 통하여 유형의 요소와 본인이 제공받는 무형의 서비스를 종합적으로 평가하려는 경향이 있다.

무형적 특성 때문에 유발되는 문제점을 극복하기 위하여 서비스 제공자들은 좋은 이미지가 담긴 신뢰와 호감의 구축이 필요하며, 기업은 유형적 단서, 기업이미지의 제고, 지속적인 커뮤니케이션의 강화, 접객서비스 전달능력의 향상과 같은 전략을 모색해야 한다.

나. 비분리성(Inseparability)

배달을 부탁하든지 택시를 타든지 서비스는 생산과 소비가 동시에 일어난다. 즉 서비스인에 의해 제공됨과 동시에 고객에 의해 소비되는 성격을 가진다. 제품의 경우 생산과 소비가 분리되어 일단 생산한 후 판매되고 나중에 소비되지만, 서비스의 경우 생산과 더불어 소비되기 때문에 소비자가 서비스 공급에 참여해야 하는 경우가 많다. 그리고 다른 소비자도 서비스 생산과정에 참여하므로 고객들이 형성하는 분위기가 하나의 서비스 내용이 될 수 있다. 또한 고객들이 참여하기 때문에 집중화된 대량생산체제를 구축하기 어렵다. 또 제품의 경우 구입 전에 소비자가 시험해 볼 수 있지만 서비스의 경우 구입 전에 시험할 수 없다. 또 제품의 경우처럼 사전에 품질통제를 하기가 어렵다. 비분리성에 따른 여러 가지 문제점을 해결하기 위해서는 고객과 접촉하는 서비스인을 신중히 선발하고 철저히 교육해야 한다. 또 고객관리의 중요성을 잊지 말아야 하고 고객이 원활한 서비스를 받을 수 있도록 서비스 시설의 다양한 입지 제공, 서비스 제공의 자동화 강화, 정보의 관리방안 등을 고려하도록 한다.

다. 이질성(Heterogeneity)

서비스의 생산 및 인도 과정에는 가변적 요소가 많기 때문에 한 고객에 대한 서비스가 다음 고객에 대한 서비스와 다를 가능성이 있다. 예를 들어 같은 서비스 업체라도 서비스인에 따라 제공되는 서비스의 내용이나 질이 달라진다. 또 같은 서비스인이라도 시간이나 고객에 따라 다른 서비스를 제공할 수 있다. 심지어 서비스인이 아니라 기계를 사용하는 경우에도 서비스 질이 달라질 수 있다. ATM을 사용할 때 스크린의 지시사항을 잘 이해하지 못한 고객이 경험하는 서비스 질은 다른 고객과 다를 것이다. 즉 서비스는 동질적이지 않고 변동적이어서 규격화, 표준화하기 어렵다.

서비스의 이질성은 문제와 기회를 동시에 제공한다. 서비스 질의 균일화가 어렵기 때문에 기업으로서는 어떻게 서비스를 일정수준 이상으로 유지하는가, 또는 표준화시키는가가 큰 문제이다. 서비스의 비일관성과 이질성을 극복하기 위해서는 표준화된 서비스 매뉴얼을 이용한 서비스인 교육을 실시하고 정기적 고객만족조사를 통하여 극복하도록 노력해야 한다.

반면에 서비스의 이질성은 고객에 따른 개별화(customization)의 기회, 즉 개별 고객으로부터 주문을 받아 서비스를 제공할 수 있는 기회를 제공한다. 즉 서비스에 인적 요소가 개입된다는 것은 제약요인인 동시에 서비스를 차별화시킬 수 있는 좋은 기회가 될 수 있다. 서비스는 보통 소비자가 주관적으로 평가하므로 제공되는 서비스의 개성화를 통해 다양한 고객요구에 대응할 수 있다.

라. 소멸성(Perishability)

판매되지 않은 제품은 재고로 보관할 수 있다. 그러나 판매되지 않은 서비스는 사라지고 만다. 즉 서비스는 재고로 보관할 수 없다. 이와 같인 서비스의 생산에는 재고와 저장이 불가능하므로 재고 조절이 어렵다.

또 구매된 서비스라 하더라도 1회로서 소멸되며 그와 동시에 서비스의 편익(benefit)도 사라진다. 반면에 제품은 구입 후에 그 상품의 물리적 형태가 존재하는 한 몇 회라도 반복하여 사용할 수 있다. 이러한 서비스의 소멸성으로 과잉생산에 의한 손실과 과소생산으로 인한 이익기회의 상실이라는 문제가 발생한다. 따라서 이를 해결하기 위해서는 수요와 공급 간의 조화를 이루는 전략이 필요하다. 구체적으로 수요에 따라 생산계획을 변경하고, 임시직원의 채용을 통해 유연성을 확보하고, 유휴시설이나 장비의 새로운 용도를 개척하며, 서비스인에게 여러 직무에 대한 교육을 시행함으로써 유사시에 서로 도울 수 있는 기반을 만들어야 한다. 수요 측면에서는 수요를 형성시켜야 하고 대기나 예약 같은 형태로 수요를 재고로 보관할 수 있어야 한다. 예를 들어 은행의 번호표나 치과에서의 시간 약속 등이 그런 전략을 사용한 것이다.

표 1_ 제품과 서비스의 차이점

제품	서비스
유형성	무형성
동질성	이질성
생산과 분배가 소비와 분리	생산과 분배 그리고 소비가 동시에 진행
물건	활동 또는 공정
주 가치는 공장에서 생산	주 가치는 구매자-판매자 간 상호작용에서 생산
고객은 대개 생산과정에 불참	고객이 생산에 참여
재고 보관 가능	재고 보관 불가능
소유권 이전 가능	소유권 이전 불가능

자료 : 관광서비스론, 권혁률, 현학사의 p.17 내용을 재정리

표 2_ 서비스의 특성에 따른 문제점과 극복 전략

서비스의 특성	문제점	극복전략
무형성	• 독점적 권리에 의한 보호 불가능(특허보호의 곤란성) • 저장의 불가능 • 진열이나 설명의 어려움 • 구매하기 전 확인 불가능 • 가격 설정 기준의 불명확	• 실제적 단서의 제공 • 개인적 접촉의 강화 • 구전활동 적극 활용 • 기업 이미지 관리 • 구매 후 커뮤니케이션의 강화
비분리성	• 서비스 생산과정에 고객이 참여 • 집중화 및 대규모 생산의 어려움	• 직원 선발 및 교육에 집중 • 철저한 고객관리 • 서비스망의 구축
이질성	• 표준화 어려움 • 품질 통제의 어려움	• 서비스의 표준화 구축 • 고객층에 맞는 개별화 전략 구축
소멸성	• 재고로서 보관이 불가능함 • 구매 직후 편익이 사라짐	• 수요와 공급 간의 조절

자료 : 기본매너와 이미지메이킹, 남혜원·전정희·전인순, 새로미의 p.15 내용을 재정리

2. 서비스의 분류

우리나라에서 서비스에 대한 연구는 제품에 대한 연구와 비교하면

상당히 뒤떨어져 있다. 먼저 1차·2차·3차 산업의 개요를 살펴보면, 일반적으로 농업·임업·수렵업·수산양식업 등을 합하여 제1차 산업이라 하고, 광업·건설업·제조업 등을 제2차 산업이라고 하면서 나머지 것들을 우리는 제3차 산업이라 부르고 있다.

클라크(Green Clark)는 "물재의 생산단계에서 소재를 수집하는 제1차 산업과 이것을 가공하는 제2차 산업으로 분류하고, 나머지의 것을 제3차 산업"이라고 했다. 당시의 제3차 산업은 기타 산업으로 말하고 있었지만, 지금의 제3차 산업은 전 산업의 과반수 이상을 점유하고 있기 때문에 좀 더 확대하여 분류하는 것이 바람직할 것이다. 그러나 우리가 편의상 물적 산업과 함께 서비스재를 상품으로 하여 생산하는 산업을 '서비스 산업'이라 부르고 있다.

가. 서비스 분류의 필요성

1) 서비스에 대한 명확한 이해

서비스에 대해 명확하게 분류함으로써 서비스를 이해하는 데 큰 도움을 제공한다. 명확하게 분류된 서비스는 각 서비스 분야에 대한 명확한 차이점을 이해하고 공통점을 찾는 데 도움을 줄 수 있다.

2) 기업의 마케팅 전략 차별화

서비스에 대해 명확하게 구분함으로써 기업에서는 고객에 대한 명확한 판단과 이를 근거로 마케팅 전략을 수립하는 데 큰 도움을 받을 수 있다. 마케팅 방법과 전략을 수립하는 데 있어 서비스에 대한 명확한 이해가 필요하다.

3) 산업 간 구분 필요

최근 급변하는 기업의 환경 속에서 다양한 분야가 급격히 늘어나는 추세이다. 다양한 분야와 서비스 분야를 구별함으로써 산업 분류가 필요하다.

나. 행위 시점을 기준으로 한 분류

⚙ Before Service : 판매 전에 제공되는 서비스
Sales Service : 판매 도중의 상담 시에 제공되는 서비스
After Service : 판매 후 제품의 수명기간 중 적절한 보전을 위해 제공되는 서비스

1) 사전 서비스(Before Service)

❶ 서비스의 예약

'After Service'는 늦다. 이젠 'Before Service'로 고객이 정보 제공을 요구하기 전에 정보를 고객에게 알려야 한다. 기업은 고객이 인지하지 못한 자사의 상품에 대한 정보를 웹사이트나 잡지 또는 매스컴을 통하여 사전에 제공함으로써 고객을 확보하고자 한다. 고객은 획득한 정보를 이용하여 예약하고 준비하게 되며, 각종 편의를 제공받게 된다. 또한 판매된 제품의 사전점검제도는 고객의 신뢰도를 높일 수 있을 뿐만 아니라 예약정보를 이용하여 생산능력을 사전에 확보하거나 준비할 수도 있고, 재구매로 이어지기도 하기 때문에 사전 서비스를 경쟁적으로 실시하고 있다. 예약된 정보를 통해 사전 예약제도의 편의성을 인식한 고객은 그 이용 빈도를 더욱 높이는 것으로 나타났다. 그 때문에 기업은 판매된 제품에 대한 사전 방문 서비스 및 모뎀을 통한 자동점검 서비스도 실시하고 있다.

❷ 사전 서비스의 3대 의무

사전준비업무 : 고객이 기업의 정보를 인지하게 하기 위한 계획이나 전략의 수립
상담업무 : 고객의 욕구나 필요사항의 청취 및 자료화
제안업무 : 솔루션의 제시나 적절한 제안으로 고객의 의사결정 촉진

2) 현장 서비스(Sales Service)

서비스의 수요과 공급이 실제적으로 일어나는 것으로 시·공간적 제약을 받으며 성패의 주요한 갈림길이 된다. 현장서비스는 서비스의 실질적 행위이기 때문에 고객이 만족할 수 있는 이상적인 서비스가 되도록 노력해야 한다. 수요와 공급의 균형을 이루어 대기시간이나 불필요한 낭비요소를 제거하고 수요변화를 예측하며 유연하게 대응할 수 있는 전략 수립이 현장서비스의 관건이다.

3) 사후 서비스(After Service)

상품은 업무용품과 소비자용품으로 나누어지는데 이 두 가지의 사후 서비스의 내용은 다르다. 업무용품의 경우는 사용 및 조작법의 교육과 같은 개발 서비스, 설치 서비스, 점검 서비스, 수선 서비스 등이 중심이 되며 재구매할 때의 자사제품이 판매되도록 노력한다. 소비자용품의 경우는 처음에 불평이나 항의에 따른 서비스가 중심이었으나 최근에는 업무용품과 유사한 방식으로 서비스를 제공하고 있다. 보증기간 중에 무료서비스는 보통이며 그 후에는 유료로 서비스를 지속한다. 또한 소비자주의의 대두 및 소비자의 의식 향상으로 서비스 내용도 충실해지고 있다. 결국 사후 서비스도 고객으로 하여금 기업을 다시 찾고 서비스를 이용하게 함으로써 고객을 유지하고 확대할 목적으로 실시한다.

다. 서비스 프로세스 매트릭스

서비스를 분류하는 또 다른 방법은 슈메너(Schmenner, 1986)에 의해 제안된 서비스 프로세스 매트릭스로서 시스템적이라기보다는 서비스 활동의 관리적인 모델을 나타낸다. 이 모델에서는 서비스 분류에 따라 서비스 관리자들에게 당면한 과제를 규명하고 있다. 서비스 프로세스 매트릭스는 서비스를 분류하기 위해 다음과 같은 두 가지 측정 도구를 사용하였다.

① 시설 및 장비의 가치에 대한 노동 비용의 비율로 정의된 노동집약도의 정도
② 고객이 서비스와 상호작용하는 정도, 그리고 서비스가 고객을 위해 개별화되는 정도

슈메너(Schmenner)는 위와 같이 상호작용과 고객화의 정도 및 노동집약도의 정도라는 두 가지 요소에 따라 서비스 과정을 구별하였다.

노동집약도가 낮고, 고객화의 정도가 낮은 서비스를 '서비스 공장(service factory)'이라고 부르며, 여기에는 항공사, 트럭운송 회사, 호텔 및 리조트가 포함된다. 노동집약도가 낮지만 높은 고객 상호작용/개별화인 경우에는 '서비스 숍(service shops)'이라고 하며 병원과 수리 서비스 센터 등이 여기에 속한다.

소매업, 도매업, 은행업 및 교육과 같은 '대량 서비스(mass service)'는 노동집약도는 높지만 상호작용/개별화의 정도가 낮다. 마지막으로 '전문 서비스(professional service)'는 의사, 변호사, 회계사와 같이 노동집약도와 개별화 정도가 모두 높은 서비스이다.

이론적으로 각 사분면 안의 서비스 프로세스는 각각이 독특한 관리적인 도전에 직면한다. 서비스 공장과 서비스 숍은 모두 자본집약적이며 자본재의 구매와 시술 선택은 매우 중요하다.

자본재의 양은 쉽게 변경할 수 없으며 이익이 나기 위해서는 이용률이 높아야 한다. 따라서 관리자들이 직면한 과제는 서비스를 제공할 수 없는 고수요를 창출하는 것이다.

대량 서비스와 전문 서비스 기업들은 더욱 노동집약적이다. 이 분야에서는 노동력의 고용과 훈련이 매우 중요하다. 관리자들의 과제는 마찬가지로 상호작용과 고객화의 정도에 따라 다르다. 낮은 상호작용과 고객화가 특징인 서비스 공장과 대량 서비스 기업들은 그들의 서비스를 좀 더 고객들이 따뜻하게 느끼게 하기 위한 도전에 부딪친다. 서비스 숍과 전문 서비스 기업들의 문제는 품질관리와 같은 높은 상호작용과 고객화의 이슈와 연계된다.

표 3_ 서비스 프로세스 매트릭스

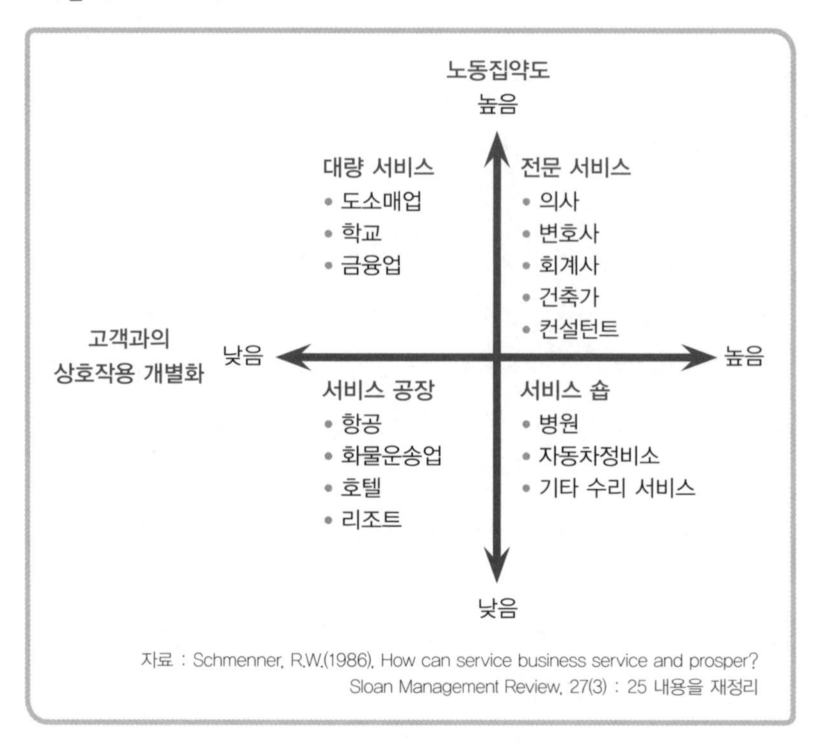

자료 : Schmenner, R.W.(1986), How can service business service and prosper? Sloan Management Review, 27(3) : 25 내용을 재정리

서비스 프로세스 매트릭스에 따라 분류된 서비스 산업들이 공통된 관리문제들을 갖고 있음을 보여준다.

노동집약도가 높은 서비스 기업의 관리자는 노동력의 관리와 통제에 많은 시간과 노력을 쏟는다. 이러한 서비스는 또한 비중앙집중화의 경향을 띠고 있고, 지역적으로 종종 서비스 기업과 다른 곳에 위치하기 때문에 관리자들은 새로운 지역을 시스템에 소개해야 할 뿐만 아니라 몇 개의 서비스 지역을 동시에 관할해야 한다.

노동집약도가 낮은 서비스의 관리자는 이와는 다른 종류의 문제를 가진다. 그들은 현재의 공장 및 장비에 대한 감독과 새로운 기법에 대한 평가에 더 많은 관심을 둔다. 이처럼 장비지향의 서비스는 노동집약적 서비스보다 덜 유동적이기 때문에 이들은 서비스 전달의 스케줄을 보다 정확하게 잡아야 하며, 서비스 수요의 성수기를 연장시키고, 비수기에는 촉진책을 활용하는 등 수요를 조절해야 한다.

고객 상호작용/개별화가 낮은 서비스라면 관리자는 서비스가 부드럽고 서비스 시설이 매력적이 되도록 마케팅에 많은 관심을 기울여야 한다. 이는 또한 운영절차를 정하고 엄격한 관리 위계질서를 가지는 서비스의 유형이기도 하다.

높은 고객 상호작용/개별화 서비스의 경우 관리자는 비용 절감을 위해 노력해야 하는 한편 품질 수준을 지속시키는 데 관심을 기울여야 한다. 서비스인들은 서비스 기업의 성공에 보다 큰 영향을 미치고 있으며, 잘 훈련되고 조심스럽게 다루어져야 할 필요가 있다. 또한 관리자의 부하의 관계는 덜 엄격한 경향이 있다.

3. 서비스의 종류

가. 서비스의 5가지 방식

❶ 대면 서비스(direct service)

서비스의 기본이 되는 것으로, 현장에서 진행되며 고객과의 접점을 형성한다. 고객과 직접 접촉을 하지 않는 비대면 서비스와 달리 고객의 즉각적인 반응이 표출되는 1회성이 강한 서비스 방식이다.

❷ 메일 서비스(mail service)

서비스는 인간의 정을 나누는 행위이다. 고객의 명함을 받아 DM(Direct Mail), 엽서, 이메일 발송 등을 통해 관계를 유지하는 서비스 방식으로, 자신의 노력 여하에 따라 고객에게 지속적으로 다가갈 수 있다.

❸ 미디어 서비스(media service)

전화 등 각종 통신 미디어를 이용하여 고객과의 관계를 유지하는 서비스 방식을 의미하며 시간과 노력의 소요가 상대적으로 적은 만큼 그 효과 역시 높지는 않다.

❹ 이미지 서비스(image service)

판매하는 품목 외에도 업장의 시설, 집기, 비품, 직원의 복장과 태도, 조명, 배경 음악, 색상 등은 업장의 분위기를 조성하는바, 이와 관련된 사항을 연출함으로써 고객만족을 증대시키는 서비스 방식이다.

❺ 엘리트 서비스(elite service)

고객은 누구나 대접받기를 원한다. 버틀러 서비스, 일대일 서비스, 퍼스널 터치 등의 방법으로 고객을 대함으로써 고객에게 '순간 귀족'의 느낌을 제공하는 최고 수준의 서비스 방식이다.

나. 서비스의 5가지 포인트

❶ Smile

사람들은 즐겁고 명랑한 분위기를 선호한다. 자연스러운 미소는 자신의 일에 대한 자부심의 표현이며 자신의 기분을 좋게 할 뿐만 아니라 내부고객인 동료는 물론 궁극적으로는 고객을 향한 서비스를 열고 닫는 것이다.

❷ Speed

고객은 기다림에 관대하지 않다. 맥도날드에서 실시한 고객 반응 연구에서 보면, 햄버거를 주문받으며 3초 이내에 음료를 권유 판매했을 때 94%의 고객이 수용하는 데 반해, 5초 후에는 46% 이하로 저하되었다고 한다. 적절한 시기에 권유 판매하는 것은 적극적인 서비스이며 마케팅이기도 한다. 또한 음식을 주문하고 기다리는 심리적 시간은 실제보다 길게 느껴지는 것인 만큼 신속하게 제공되어야 하며, 모든 서비스는 시간을 단축해서 시행해야 한다.

❸ Sincerity

고객은 상대가 예의바르고 정중한 태도로 자신을 맞아주기를 기대한다. 그래서 개인의 특성을 고려한 '한 사람을 위한 서비스'가 강조되는 것이다. 성심을 다한 마음이 담긴 서비스야말로 서비스인이 이상으로 삼아야 하는 것이다.

❹ Safety

서비스 포인트 중의 하나가 고객의 안전이다. 주차장, 이동로 등 시설의 안전성에서부터 심리적 안전성까지를 포함한다. 세계 최대의 도박 도시라는 라스베이거스의 치안이 세계 최고 수준이라는 것이 시사하는 것처럼 안전성은 영업의 전제조건으로 중요하게 작용하는 것이다.

❺ Security

개인의 비밀을 보장하는 것은 불필요한 노출을 꺼리는 고객을 대상으로 하는 업체의 서비스와 VIP 마케팅의 기본이다. 아울러 비밀 유지는 서비스인의 기본적인 의무이기도 하다.

서비스인은 업무 속성상 많은 사람을 대하게 되고 고객에 따라 이러한 것을 선호하는 경우가 있는 만큼 이에 대한 세심한 배려가 필요하다 하겠다.

다. 상황별 서비스(T.P.O)

1) 시간(Time)

❶ 사전 서비스(Before service)

고객의 입장이 되어 고객의 필요와 욕구를 파악하는 등의 연구를 통한 사전 서비스

❷ 진행형 서비스(In service)

고객의 오감(五感)을 만족시키며 최고의 서비스를 시행하는 진행형 서비스

❸ 사후 서비스(After service)

고객의 정보 데이터베이스를 구축하고, 고객과의 관계를 유지, 강화하여 단골고객으로 창출하는 사후관리 서비스

2) 공간(Place)

❶ 쾌적성

서비스 기업에 들어섰을 때 느껴지는 첫인상은 분위기로 결정된다. 호화로움이 아니어도 업종의 특색에 맞게 설계된 곳에서 좋아지는 것이다. 고객이 편안하고 따뜻한 느낌을 가질 수 있도록 쾌적한 환경을 연출하는 것은 공간 서비스의 기본이다.

❷ 편리성

약속장소를 정할 때 주차시설이나 접근성, 수용시설 등을 고려하게 되는데 이는 편리성과 관련된 요인이다. 서비스는 편리함을 추구하는 것이다. 고객이 편리하게 이용할 수 있도록 편의시설을 갖춰야 하며, 시설안내 표지에 이르기까지 세심한 배려가 필요하다. 또한 스태프들이 편리하게 서비스를 제공할 수 있도록 동선을 구축하는 것 역시 공간 서비스의 중요 요소이다.

❸ 청결성

서비스가 무형성을 띠는 만큼 청결은 신뢰를 구축하는 중요한 단서로 작용할 수 있다. 서비스 기업에 들어섰을 때 느껴지는 청결함, 직원들의 하얗다 못해 푸른 느낌을 주는 유니폼, 청결한 집기, 비품들을 보면 기분이 좋은 것에서 알 수 있듯이 청결성 역시 서비스와 밀접한 관련을 갖는다.

3) 상황(Occasion)

❶ 시의성(時宜性)

서비스는 제공하는 사람 위주가 되어서는 안 된다. 상대의 상황에 따라 시의적절하게 탄력적으로 수행되어야 한다. 서비스는 상호작용하는 것이기 때문이다.

❷ 시선 서비스(Watching service)

시의적절한 서비스를 제공하기 위해서 필요한 것이 시선 서비스(Watching service)이다. 고객을 관심과 배려가 담긴 시선으로 응시하고, 예측 서비스를 시행하는 센스가 필요하다.

❸ 호칭 서비스(Naming service)

고객을 대할 때 어렵게 느껴지는 것이 호칭과 관련한 문제이다. 이는 고객의 입장에서 직원을 호칭할 때도 마찬가지이다. 고객을 불특정 다수로 인식하는 것이 아니라 고객의 성함을 기억해서 불러드린다면 더 나은 서비스가 될 것이다.

예를 들어 호텔직원들 중 고객과 가장 많은 접촉이 있는 곳은 도어데스크(Door desk)이다. 도어맨들은 수많은 고객과 차량을 접하며 생활하는 만큼 서비스 향상을 위해 고객과 관련한 정보 수집과 기억에 많은 노력을 기울인다. 차량번호를 기억하기 위해 일상의 것들과 비교하여 기억하는 등의 노력이 그것이다. 일본 도쿄의 명문 뉴 오타니 호텔의 도어맨은 5천 명의 고객 성함과 차량번호를 기억한다고 한다.

Service Power Story

서비스란 친절하기만 하면 된다고 생각하지요, 하지만 서비스는 그보다 더 복잡하고 세심한 노력을 요합니다. 자, 사람들이 서비스에 대해 무엇을 기대하는지 한번 봅시다. 다음 문장을 보면 서비스의 의미가 조금씩 다릅니다. 다음 사항은 무엇을 뜻할까요?

- 이 화장품 사면 서비스 없나요?
- 이 식당은 서비스가 만점이네요.
- 역시 가전제품은 '○○'이 최고야. 서비스가 완벽하거든.
- 오늘은 내가 가족을 위해 서비스한다.
- 완벽한 서비스로 고객을 지켜드립니다.

위의 다섯 가지에서 서비스가 의미하는 것은 무엇일까요?

- 덤, 공짜
- 친절
- 사후 서비스(애프터 서비스)
- 봉사
- 안전

서비스는 단순한 서빙(serving)과는 구분된다. 고객은 단지 공복을 다스리기 위해 식당을 찾지 않는다. 고객의 오감을 만족시켜라. 그것이 진정한 서비스이다.

『고객의 영혼을 사로잡는 50가지 서비스기법』 중에서

03 주차 서비스의 특징

고객의 이해

1. 고객의 개념을 이해하고 정의할 수 있다.
2. 고객의 심리를 이해하고 고객의 욕구를 해석할 수 있다.

Customer Service

1주차
2주차
3주차
4주차
5주차
6주차
7주차
8주차
9주차
10주차
11주차
12주차
13주차
14주차
15주차

1. 고객의 개념과 중요성

고객이란 무엇인가? 고객은 기업에 있어서 가장 중요한 사람이다. 고객이 우리에게 의존하는 것이 아니라 고객에게 의존하고 있다. 고객은 우리의 일을 방해하는 것이 아니고 우리 일의 목적이다. 우리가 고객에게 서비스를 제공하는 것이 고객에게 호의를 베푸는 것이 아니라, 고객이 우리에게 서비스를 제공할 수 있는 기회를 줌으로써 고객이 우리에게 호의를 베푸는 것이다. 고객은 말다툼의 대상이 아니며 어느 누구도 고객에게 주장해서 승리할 수는 없다. 고객과 우리 자신에게 도움이 되도록 서비스하는 것이 우리의 일이다.

가. 고객의 개념

- 고객의 사전적 의미로는 한자인 돌아볼 고(顧)와 손님 객(客)을 사용하여 '영업하는 곳에서, 물건을 사거나 서비스를 받거나 하기 위해 찾아오는 손님을 다소 격식을 갖추어 이르는 말, 즉 상객(常客)'으로 표현하고 있다. 접대하는 사람이나 기업의 입장에서 볼 때 '다시 보았으면', '또 와 주었으면' 하는 사람을 '고객'이라 한다.

영어로 고객은 'Customers'와 'Clients'로 표현된다. 'Customers'는 백화점, 호텔, 항공사, 레스토랑 등의 불특정 다수의 고객을 말하는 것이고, 'Clients'는 의사와 환자, 변호사와 의뢰인의 관계처럼 일대일의 세심한 배려가 필요한 고객을 말한다. 그러나 백화점, 호텔, 항공사, 레스토랑 등의 서비스 기업은 불특정 고객인 'Customers'를 세심한 배려가 필요한 'Clients'로 육성시킬 필요가 있다. 그래서 단골고객을 'Clients'라고 한다.

고객의 개념은 크게 협의와 광의로 나누어 그 정의를 살펴볼 수 있다. 고객의 개념을 협의로 보면 '교환관계적 관점에서 경제적 가치를 창출하는 데 도움이 되는 고객'이라고 할 수 있다. 광의로 보면 고객은 현재 시장을 구성하는 내·외부의 모든 사람들이며, 그들의 욕구를 충족시켜 주어 상품을 지속적으로 이용토록 하고 그로 인한 수익으로 기업이 유지될 수 있게 하는 중요한 대상이라고 할 수 있다.

기타 고객의 의미는 산업의 성격에 따라 고객과 유사한 개념으로 승객·관중·탑승객 등으로 사용된다.

나. 고객의 중요성

고객은 기업의 출발점으로 고객이 없는 기업이란 존재할 가치가 없다. 과거 물재가 부족하여 수요가 공급을 추월하고, 시장독점이 가능했던 시절에 기업은 대량생산을 통해 공급에만 주력했으므로 고객은 안중에도 없었다. 그러나 과잉공급, 과다경쟁, 고객의 욕구가 다양한 오늘날에는 고객에 대한 칭호가 왕(王), 황제(皇帝), 신(神)으로 격상되어 더 이상의 수식어가 부족한 실정이며, 고객지향, 고객만족, 고객감동, 고객사랑 등 찬란한 문구로 고객을 유혹하고 있다. 이뿐만 아니라 병원의 환자, 행정기관의 민원인, 대학교의 학생들도 서비스 고객 개념으로 바뀌고 있으며, 이를 수용하지 못하는 서비스 기업이나 기관은 도태될 수밖에 없다.

고객은 기업의 흥망성쇠를 결정하는 중요한 외부요인이다. 서비스인의 월급이나 상여금, 인센티브는 물론이고 서비스인에 대한 동기부여나 사기진작 역시 그 동인은 고객으로부터 기인한다. 고객과의 거래가 부진하거나 관계가 비우호적이라면 그 기업이나 회사의 성장과 발전은 기약할 수 없다. 고객의 불만은 자신만의 불만으로 그치지 않는다. 기업의 소문이 나쁘게 나는 이유도 그 기업을 이용하는 고객들의 입소문에 의한 것이다. 고객의 불만을 방치하여 망하는 기업의 대다수가 고객의 욕구나 불만을 무시했기 때문이다. 고객은 농담의 대상이 아니라 친절의 대상이며, 감정과 느낌 그리고 날카로운 독수리의 눈과 여우의 입 그리고 코끼리와 같은 귀로 기업의 일거수일투족을 감시하고 소문내는 무섭고도 중요한 존재이다.

2. 고객의 분류

앞서 고객의 개념에서 이야기한 내용을 다시 정리하면 흔히 기업에서 사용하는 고객이라는 개념은 제품과 서비스를 제공받는 최종 소비자를 말하며 이는 협의의 고객개념이다.

더불어 광의의 개념에서 보면 고객은 대리점, 거래처 그리고 소비자 등을 포함하는 외부고객(External Customer)과 회사 내부업무를 처리하는 내부고객(Internal Customer)으로 분류할 수 있다.

접점 직원과 이들을 뒤에서 지원하는 직원 모두 서비스 조직의 성

- **외부고객**은 제품을 생산하는 기업의 종사자가 아닌 사람들로서 제품이나 서비스를 구매하는 사람들을 일컫는 협의의 고객, 즉 우리들이 보통 말하는 고객이다.
- **내부고객**은 제품의 생산을 위해 부품을 제공하는 업자나 판매를 담당하는 세일즈맨 등 제품 생산이나 서비스 제공을 위해 관련된 기업 내 모든 직원들도 고객의 범주에 포함시키는 개념이다.

공에 결정적으로 중요하다. 서비스 기업의 직원은 물론이거니와 고객과 현장에 있는 다른 고객까지도 서비스의 제공활동에 참여하게 된다. 특히 내부고객인 직원의 만족이 곧 고객만족으로 이어진다는 사실은 제조업이나 서비스업 모두에서 깊이 유념해야 할 내용이다. 최종적으로 서비스를 이용·구매하는 외부고객의 가치를 인식하여 내·외부고객의 통합적인 서비스가 이루어져야 한다. 즉 서비스의 가치를 생산하는 기업내부 구성원인 내부고객과 서비스의 가치를 이용하는 외부고객 간에 유기적인 관계가 원만하게 유지되어야만 고객의 가치 창출을 이룰 수 있다.

그림 1_ 내 · 외부고객과 수익의 관계

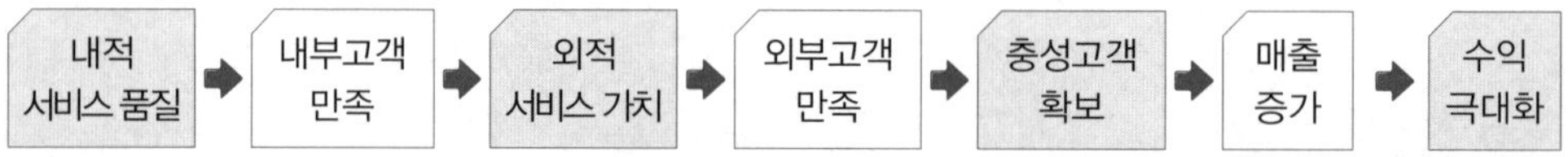

내적 서비스 품질 → 내부고객 만족 → 외적 서비스 가치 → 외부고객 만족 → 충성고객 확보 → 매출 증가 → 수익 극대화

자료 : 서비스프로듀서의 고객감동 서비스 & 매너연출, 이준재·허윤정, 대왕사

3. 고객의 심리

서비스인은 고객입장에서 생각하는 마음과 자세를 가져야 한다. 고객을 이해하고 고객의 말에 귀 기울이면 고객도 서비스인의 입장을 생각하는 마음을 갖게 된다. 그러므로 고객의 마음을 읽고, 기본적인 고객의 심리를 존중하여 서비스하는 것이 중요하다.

고객의 마음을 읽기 위해서는 고객의 심리를 이해하는 기술이 필요하다. 대화할 상대의 마음을 읽는 능력을 길러야 한다. 상대방은 무슨 생각을 하고 있는가? 무슨 말을 건네면 즐거워하는가? 상대방의 특징을 잘 관찰하여 고객에게 맞는 화법을 개발함으로써 좋은 서비스가 되도록 해야 한다.

고객 개개인이 갖는 상황에 따른 다양한 심리요인도 있을 수 있으나 서비스인은 고객의 일반적인 심리를 기본적으로 이해함으로써 고객의 입장에서 생각하고 행동하여 고객만족과 감동의 서비스를 창출할 수 있어야 한다.

❶ 환영기대 심리

고객은 언제나 환영받기를 원하므로 항상 밝은 미소로 맞이해야 한다. 고객이 서비스 기업을 찾아갔을 때 가장 바라는 심리는 왕으로 대접해 주는 것이 아니라 환영해 주고 반가워해 주는 것이다.

❷ 독점 심리

고객은 누구나 모든 서비스에 대하여 독점하고 싶은 심리를 갖고 있다. 그러나 고객 한 사람이 독점하고 싶은 심리를 만족시키다 보면 다른 고객의 불편을 사게 된다. 따라서 모든 고객에게 공평한 친절을 베풀 수 있는 마음자세를 가져야 한다.

❸ 우월 심리

고객은 서비스 직원보다 우월하다는 심리를 갖고 있다. 그러므로 서비스인은 고객에게 서비스를 제공하는 직업의식으로 고객의 자존심을 인정하고 자신을 낮추는 겸손한 태도가 필요하다. 또한 고객의 장점을 잘 찾아내어 적극적으로 칭찬하고, 고객의 실수는 덮어주는 센스가 필요하다.

❹ 모방 심리

고객은 다른 고객을 닮고 싶은 심리를 갖고 있다. 반말하는 고객이라도 정중하고 상냥하게 응대하면, 고객도 친절한 태도로 반응하게 되며, 앞 고객과 서로 친절한 대화를 나누었다면 그 다음 고객도 이를 모방하여 친절한 대화를 나누게 된다.

❺ 보상 심리

고객은 비용을 들인 만큼 서비스 받기를 기대하며, 다른 고객과 비교해서 손해를 보고 싶지 않은 심리를 갖고 있다. 그러므로 고객의 기대에 어긋나지 않는 좋은 물적, 인적 서비스를 공평하게 제공하는 것이 중요하며, 부득이 특정 고객에게 별도의 서비스를 제공하게 되는 경우 그 서비스를 받는 고객보다 주변의 다른 고객에게 더욱 신경을 써야 한다.

❻ 자기본위적 심리

고객은 각자 자신의 가치 기준을 가지고, 항상 자신의 생각을 위주로 모든 사물과 상황을 판단하는 심리를 가지고 있다.

4. 고객의 욕구(Needs)

고객만족은 고객의 관점에서 생각하는 것으로부터 시작된다. 그것이 바로 고객의 욕구이며, 이 고객의 욕구에 관심을 보여야 한다. 고객의 실제 욕구는 서비스인의 해석과 차이를 보이는 경우가 많다. 모든 고객은 서로 다른 욕구를 가지고 있다. 고객의 욕구는 알아내기도 어렵고 때로는 아주 비현실적이다. 그러나 고객의 기대를 이해하고 고객만족을 성취하기 위해서는 고객의 기대가 무엇이며, 고객이 과연 무엇을 원하는지 그 요구사항을 정확하게 파악하는 작업이 무엇보다 선결되어야 한다.

모든 고객의 기본적인 욕구는 다음과 같은 다섯 가지로 요약할 수 있다.

❶ 서비스

고객은 무조건 높은 수준의 서비스를 기대하는 것이 아니라 자신들이 선택한 구매수준에 적절하다고 생각하는 서비스를 기대한다. 가령 신중하게 계획하고 정보를 탐색한 후에 행한 구매에 대해서는 무의식적인 구매를 한 경우보다 더 확실한 서비스를 기대한다.

❷ 가격

제품을 구매할 때 가격 요소가 점점 더 중요해지고 있다. 사람들은 자기가 가진 자원을 가능한 한 효율적으로 사용하려 한다. 과거에 나만의 독특한 것으로 생각되던 많은 제품들은 이제 대중적인 것이 되었다. 예전에는 햄버거 하나를 사기 위해 특정 지역에 있는 레스토랑까지 가야 했지만 이제는 어느 지역에서나 쉽게 햄버거를 살 수 있게 된 것이다. 이러한 상황은 고객으로 하여금 가격이라는 요소를 점점 더 중요하게 여기도록 만들고 있다.

❸ 품질

오늘날의 고객들은 그들이 구매하는 물건을 단기적인 소모품으로 취급하려 하지 않는다. 고객들은 적어도 제품을 바꾸고 싶어질 때까지 견딜 수 있을 정도의 내구성과 기능성을 가진 제품을 원한다. 제조업자와 판매자는 고객이 원하는 정도의 내구성을 충족시킬 수 있는 제품을 만들어야 한다. 고품질의 제품을 생산한다는 평판을 얻고 있는 기업의 제품에 대해 고객은 가격을 많이 따지지 않는 경향이 있다.

❹ 고객에 대한 반응

어떤 문제가 있거나 문의사항이 있을 때 고객은 기업의 즉각적인 반응을 요구한다. 이런 요구에 맞추어 많은 기업은 수신자부담 전화, 융통성 있는 환불정책 또는 출장서비스 프로그램을 운영한다. 고객들은 자신이 중요한 사람이므로 어떤 욕구가 발생했을 때 자신들을 바로 도와줄 수 있는 누군가가 늘 대기하고 있어야 한다고 생각한다.

❺ 고객에 대한 감사

고객은 우리가 고객에게 감사하고 있는지 알고 싶어 한다. 고객 서비스 담당자들은 이러한 감사를 다양한 방식으로 표현할 수 있다. 고객에게 말과 행동으로 '감사합니다'라고 표현하는 것부터 시작하는 것이 좋은 방법이다. 고객의 주소록을 만드는 것, 정보제공을 위한 뉴스레터 제공, 특별한 할인 혜택 제공, 예의를 갖추는 것, 고객의 이름을 기억하는 것 등도 고객에게 감사를 전하는 좋은 방법이다. 더불어 우리 제품을 선택한 것에 대해 감사하고 있음을 구체적으로 표현함으로써 긍정적인 메시지를 고객에게 전달할 수 있다. 한 패스트푸드 레스토랑은 차에 탄 채 주문하는 운전자들을 위해 창구 옆에 다음과 같이 쓴 표지판을 세워 놓았다. "다른 곳에서 식사를 하실 수 있음에도 불구하고 저희를 선택해 주셨군요. 정말 감사합니다."

Service Power Story

나는 정말로 좋은 고객입니다.

나는 어떤 종류의 서비스를 받더라도 불평하는 법이 없습니다.

음식점에서는 조용히 앉아서 종업원들의 주문받기를 기다리며 그 사이 절대로 종업원들에게 주문받으라고 요구하지도 않습니다.

종종 나보다 늦게 들어온 사람들이 나보다 먼저 주문을 받더라도 나는 불평하지 않습니다. 나는 기다리기만 할 뿐입니다.

언젠가 내가 주유소에 들른 적이 있는데 종업원은 거의 5분이 지난 후에야 나를 발견하고는 기름을 넣어주고 자동차 유리를 닦고 수선을 떨었습니다.

그러나 내가 누굽니까?

서비스에 늦은 것에 대해 절대 불평을 하지 않습니다.

나는 절대로 흠을 잡거나 잔소리하거나 비난하지 않습니다.

시끄럽게 불평을 늘어놓지도 않는 멋지고 착한 고객입니다.

여러분 내가 누군지 궁금하지 않습니까?

나는 바로 "다시 돌아오지 않는 고객"

하하하

『서비스 마케팅』 중에서

04 주차
고객의 이해
NOTE

고객만족의 의의

1. 고객만족의 개념을 이해하고 정의할 수 있다.
2. 고객만족의 효과를 설명할 수 있다.

1. 고객만족의 이해

기업이 서비스를 제공하는 핵심은 상품을 구매하는 고객의 만족이라 할 수 있다. 그러면 고객을 만족시킨다는 것은 무엇이며, 어떻게 효과적으로 다양하고 복잡한 개개인을 만족시킬 수 있는지가 현재 기업의 가장 큰 과제일 것이다.

고객만족은 마케팅에서 유래된 개념으로 오랜 역사를 지니고 있다. 기업은 소비자에게 관심을 기울이면서 상품을 구매한 후의 행동을 중심으로 고객만족을 강조하기 시작했다고 볼 수 있다. 아울러 고객만족은 재구매와 우호적인 구전효과를 창출하고 있다.

그러므로 기업에서는 고객만족이 대단히 중요하다. 고객만족으로 인해 매출이 상승되고 고객의 재방문으로 이어져 단골고객 확보와 서비스의 경쟁력을 높일 수 있기 때문이다.

2. 고객만족의 개념과 필요성

⚙ **고객만족(CS : Customer Satisfaction)**이란 '고객의 욕구와 기대에 최대한 부응함으로써 상품과 서비스의 재구매가 이루어짐과 더불어 고객의 신뢰감이 연속적으로 이어지는 상태'

가. 고객만족의 개념

미국 소비자 문제 전문가 굿맨(J. A. Goodman)은 위와 같이 고객만족을 정의했다. 그리고 사전에는 '기업이 제공한 상품과 용역 서비스에 대한 고객의 기대에 부응함으로써 고객에게 사회적, 심리적, 물질적으로 만족감을 주면서 고객의 지속적인 재구매 활동과 수평적 인간관계를 형성하는 커뮤니케이션 사이클'이라 정의하고 있다.

고객만족은 서비스인이 통제할 수 없는 요소, 다시 말해 품질 차원이 아닌 것에 의해 얼마든지 좌우될 수 있다. 또한 만족은 상품의 품질외적인 요소, 즉 평등의식이나 공정성 같은 것에 의해서도 크게 좌우될 수 있으며, 귀속, 감정, 인지적·감정적 과정에 영향을 강하게 받는다. 결국 높은 품질에도 불구하고 불만족한 경우를 볼 수 있다. 즉 호텔 레스토랑에서 평소 친근한 서비스인이 부재 중일 때 실망하는 고객이 좋은 예가 된다. 이상으로 볼 때 고객만족이란 서비스 제공에 따른 고객의 일정한 수준 혹은 기대가 충족될 때 고객이 느끼는 개인적인 감정의 만족을 뜻한다.

나. 고객만족의 필요성

서비스 기업에 있어 고객만족이 필요한 이유는 기업의 매출이 신규고객과 기존 고객의 반복구매에서 일어나기 때문이다. 새로운 고객을 끌어들이는 것은 기존의 고객을 유지하는 것보다 많은 비용이 든다. 그러므로 신규고객 창출보다 기존고객의 유지가 기업의 생존에 보다 중요하다. 이러한 중요성을 갖는 고객 유지의 핵심은 바로 고객을 만족시키는 것이다. 만족한 고객은 반복구매를 하며 다른 사람에게 서비스에 대해 좋게 평가할 뿐만 아니라 경쟁업체의 브랜드와 광고에 크게 관심을 쏟지 않고 그 회사의 다른 서비스에 대해서도 호의적인 반응을 보내기 때문에 만족한 고객은 단순한 매체광고보다 훨씬 더 효과적인 광고수단이 될 수 있다. 고객만족은 불만족한 고객의 행동을 살펴봄으로써 더욱 명확하게 알 수 있다.

고객만족의 중요성은 다음과 같은 특성을 가지고 있다.

❶ 재방문 유도

고객만족은 고객의 재방문을 높이는 데 강한 긍정적인 관계에 있기 때문에 기업입장에서는 고객만족을 높이는 것이 중요한 과제로 인식되고 있다. 이러한 고객만족이 서비스 기업에서 중요한 이유는 재방문을 통한 안정적인 수익성의 확보에 있으며, 서비스를 제공하는 것이 기본적 생산활동인 서비스 기업에서 고객만족은 기업의 궁극적인 목표이기 때문이다.

❷ 수익성과 경영성과에 기여

고객만족이 기업에 주는 직접적인 성과는 고객이탈의 최소화를 통해 수익성을 제고할 수 있고, 고객의 긍정적인 구전효과를 발생시킬 수 있으며, 재화나 서비스의 가격민감도를 완화시킬 수 있고, 고객만족도 증가를 통해 고객충성도를 증가시킬 수 있으며, 신규고객의 유치비용을 절감할 수 있는 것이다. 그러므로 고객만족은 상품과 서비스의 재구입으로 인한 기업의 수익성 확보와 경영성과에 기여한다.

❸ 내부고객인 직원의 직무만족에 영향

서비스 기업에서 고객만족이 중요한 또 다른 이유는 고객만족이 직원의 만족이나 태도에 영향을 미치기 때문이다. 고객만족은 직원의 만족 및 긍정적인 서비스 태도 등과 상호작용을 통해 발생하므로 서비스 기업의 이직률을 감소시키며, 양질의 서비스를 제공할 수 있도록 하는 밑거름이 된다. 고객과 직원의 상호작용에 의한 순환과정에 의해 고객만족은 서비스 기업의 중심 자원인 인적 자원의 발전과 유지에 중요한 역할을 수행하기 때문이다.

❹ 직원의 이직방지, 비용감소, 서비스 품질의 유지

고객만족은 고객과 접촉하는 직원에게 긍정적인 경험과 보람을 주기 때문에 이직 방지로 이어진다. 따라서 기업의 입장에서는 비용의 감소와 서비스의 질을 유지·발전시킬 수 있다. 따라서 고객만족은 서비스 기업에게 안정적인 서비스 질의 유지와 발전에 도움을 주는 역할을 한다.

한 조사에 의하면 일반적으로 만족한 고객은 제품에 대한 좋은 경험을 3명의 타인에게 말하는 반면 불만족한 고객은 11명에게 그 내용을 전달한다고 한다. 결국 한 기업의 관점에서 고객만족 경영은 그 기업의 좋은 이미지와 시장 확대를 위해 매우 중요하다.

특히 서비스 제품은 모방이 매우 쉽다. 예를 들어 어느 여행사에서 유럽배낭여행 상품을 만들어 고객에게 판매하여 많은 이익을 보게 되면 많은 다른 여행사들은 거의 같은 여행내용으로 상품을 만들어 판매한다. 또한 어느 호텔에서 개발한 차별화된 서비스가 큰 성과를 보게 되면 다른 경쟁업체들이 같은 서비스를 고객들에게 제공하는 경우를 볼 수 있다. 따라서 서비스 기업은 날로 치열한 경쟁 속에서 동종 업체와의 경쟁력을 키우지 않으면 안 된다.

이와 같은 동종기업의 무한 경쟁과 고객의 욕구가 날로 고급화·다양화·개성화되는 시점에서 고객지향적인 사고로 전환하여 고객만족 경영에 관심을 집중하는 것은 당연한 일이다. 그러나 지속적인 고객만족 경영을 위해서는 고객의 만족을 창출하는 것도 중요하지만, 고객의 불만을 효과적으로 처리하여 충성고객으로의 전환이 필요하다.

그림 1_ 고객만족 · 고객불만족의 결과

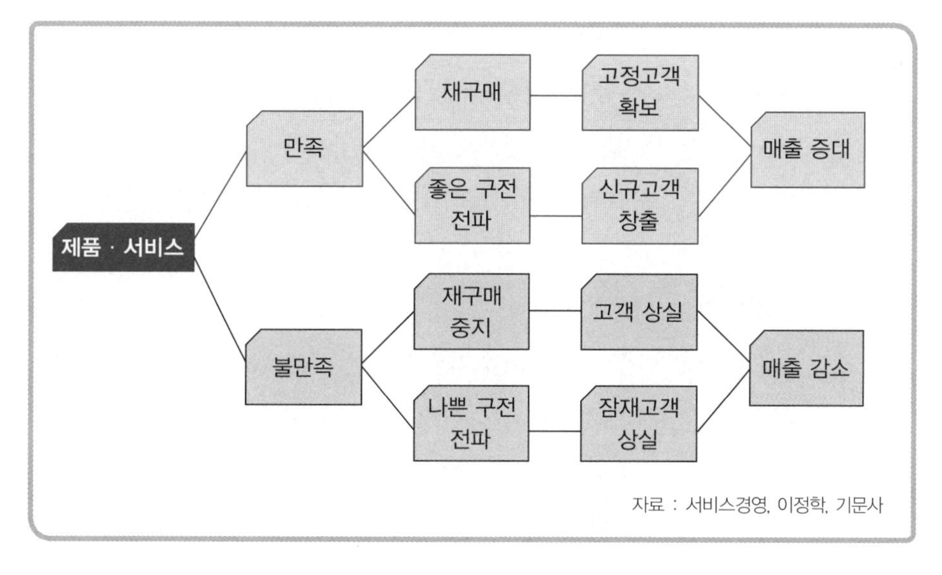

자료 : 서비스경영, 이정학, 기문사

3. 고객만족의 구성요소

고객만족을 이루기 위해서는 다양한 요인이 고객을 만족시키지 않으면 안 된다. 특히 최근에는 고객의 요구와 욕구수준이 높아 기업에서 고객의 기대치 이상의 서비스를 지향하지 않으면 절대 고객만족이 이루어지지 않는다는 사실을 명심해야 한다. 일단 고객만족을 이루기 위해서는 기업에서 판매하는 제품, 서비스, 기업 이미지 등이 고객만족과 직접적인 관계가 있다고 보면 된다.

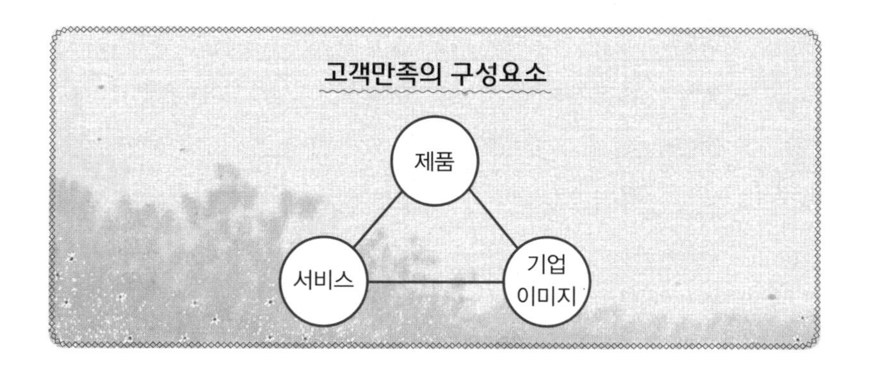

❶ 제품

고객은 제품을 통해 그 기대가치를 인식하고, 구매 후 사용해 봄으로써 실제 사용가치에 대한 만족 정도를 표시한다. 디자인, 스타일, 색상, 상표 및 인지도, 편리성 등의 하드적 가치와 품질, 기능, 성능, 효능, 가격 등이 소프트적 가치를 동시에 만족시키는 것이 바람직하다.

❷ 서비스

서비스는 만질 수도, 눈에 보이지도 않지만 제품에 감동과 즐거움, 그리움과 설렘을 제공하기도 하며, 만족도 평가 시 주요 구성요소가 된다. 쾌적한 분위기, 호감 가는 분위기, 적정 공간, 인테리어 등의 전반적인 분위기와 복장, 미소, 표정, 친절, 신속, 정확, 전문적인 상담 등의 접객 서비스를 적절히 제공해야 한다.

❸ 기업 이미지

아무리 제품이 훌륭하고 서비스가 뛰어나더라도 그 기업이 지닌 평판, 신뢰성 등 기업 이미지가 나쁠 경우 만족도는 감소한다. 문화사업활동, 사회복지활동, 건전한 사회풍토 조성, 지역사회 발전방안 모색, 교육시설 등의 사회공헌활동으로 기업 이미지를 향상시킬 수 있으며, 환경보호 캠페인, 자원절약운동 등의 활동도 기업 이미지 형성에 기여할 수 있다.

그림 2_ 고객만족의 구성요소

고객만족의 구성요소	상품 (직접적 요소)	상품의 하드적 가치	품질, 기능, 성능, 효율, 가격
		상품의 소프트적 가치	디자인, 사용의 편리성, 사용설명서, 기타 편리성
	서비스 (직접적 요소)	영업장의 분위기	호감을 가질 수 있는 업장, 쾌적한 분위기
		직원의 접객 서비스	복장, 언행, 인사, 응답, 미소, 상품지식, 신속한 대응
		애프터와 정보 서비스	애프터 서비스, 라이프 스타일, 정보제공 서비스
	기업 이미지 (간접적 요소)	사회공헌활동	문화, 스포츠 활동 및 지원, 시설개방, 복지활동
		환경보호활동	리사이클 활동, 환경보호 캠페인

자료 : 관광서비스론, 김왕상, 대왕사

4. 고객만족의 효과

고객만족을 통한 단골고객의 확보는 수익성의 증대와 미래가치가 높은 고객의 유지 및 그들의 입소문을 통한 신규고객의 확보와 직결됨은 물론 단골고객은 그 기업의 지속적인 성장과 발전에 튼튼한 기둥이 된다. 기업이 고객만족을 통하여 얻을 수 있는 현재적 및 잠재적 효과는 다음과 같다.

❶ 광고효과의 극대화

만족한 고객의 입소문이 비고객 및 잠재고객에게 미치는 효과는 매스미디어를 통한 광고의 효과보다 훨씬 크다.

❷ 재구매고객 창출

충성고객이란 기업이 제공한 제품이나 서비스에 만족하고 감동하여 그들 스스로가 기업의 제품이나 서비스를 반복적으로 구매하는 고객들을 말한다. 충성고객은 정기적으로 특정제품을 재구매 혹은 반복구매한다.

❸ 비용절감 효과

기업이나 제품에 만족한 고객은 단골고객이 될 가능성이 훨씬 높다. 그리고 기업의 입장에서는 신규고객의 획득에 투자되는 비용에 비하여 단골고객을 유지하고 관리하는 데 투자되는 비용이 통계적으로 약 5분의 1 정도로 훨씬 적게 소요된다고 한다. 고객만족이 기업에게 주는 이익은 비용절감뿐만이 아니다.

고객이 특정 기업이나 그 제품 혹은 서비스에 만족한다는 것은 그 기업을 철저히 신뢰한다는 의미이며, 그러한 고객들의 입소문과 반복구매가 기업의 이미지를 향상시키고 매출을 증대시킴은 물론 마케팅 비용까지 절감할 수 있게 한다.

❹ 고객 이탈률 감소

5년 이상 거래고객의 수익 공헌도는 1년 미만 고객 수익 공헌도의 5배에 달한다. 또한 수익의 3분의 2는 기존고객으로부터 발생한다. 이처럼 만족한 고객은 특별하고 충격적인 변수가 작용하지 않는 한 그 기업과의 관계를 지속적으로 유지하려는 경향이 있다.

❺ 직원 이직률 감소

기업의 입장에서 만족한 고객을 통한 매출증대와 고수익 창출은 직원에게 지급할 수 있는 보상과 각종 인센티브의 정도나 빈도 또는 여력을 경쟁기업보다 높게 해준다. 비전 제시와 함께 성과에 따라 주어지는 각종 보상과 인센티브의 제공이 직원에게는 사기진작과 동기부여의 계기가 되며, 경영활동에의 자발적이고 적극적인 참여로 생산성 및 품질향상을 도모할 수 있음은 물론 이직률의 자연적 감소로 이어진다.

❻ 우월적 가격유지

경쟁사보다 높은 가격을 제시해도 만족한 고객은 강한 믿음으로 그 가격을 타당하고 합리적인 것으로 받아들인다. 그 결과 기업은 이익이 증대되어 재정적으로 안정된 경영활동을 꾸려 나갈 수 있다.

❼ 시장진입장벽 구축

만족한 고객은 경쟁사나 경쟁사의 제품 혹은 대체상품의 출현에 대하여 호의적이지 않음은 물론 부정적인 입소문으로 그들의 시장진입을 방해하거나 차단하는 역할을 한다.

❽ 무조건 인정

특정 기업이나 제품에 만족한 고객은 그 기업이 시장에 제공하는 제품이나 서비스에 대하여 무조건적으로 신뢰하고 수용하면서, 경쟁사의 제품이나 서비스에 대해서는 무조건적으로 불신하고 비교를 거부하려는 경향이 있다.

❾ 완충효과(스프링 효과)

만족한 고객은 차후에 수용한 그 기업 또는 해당기업의 제품이나 서비스에 어떤 문제가 일시적으로 발생했다 하더라도 단순한 실수나 착오로 받아들이거나 문제시하려 하지 않는 경향이 있다.

5. 고객만족 서비스

고객만족 서비스를 실천하기 위해서는 [그림 3]과 같이 단계별로 시스템을 구축하여 체계적으로 전개할 필요가 있다.

그림 3_ 고객만족 서비스 시스템

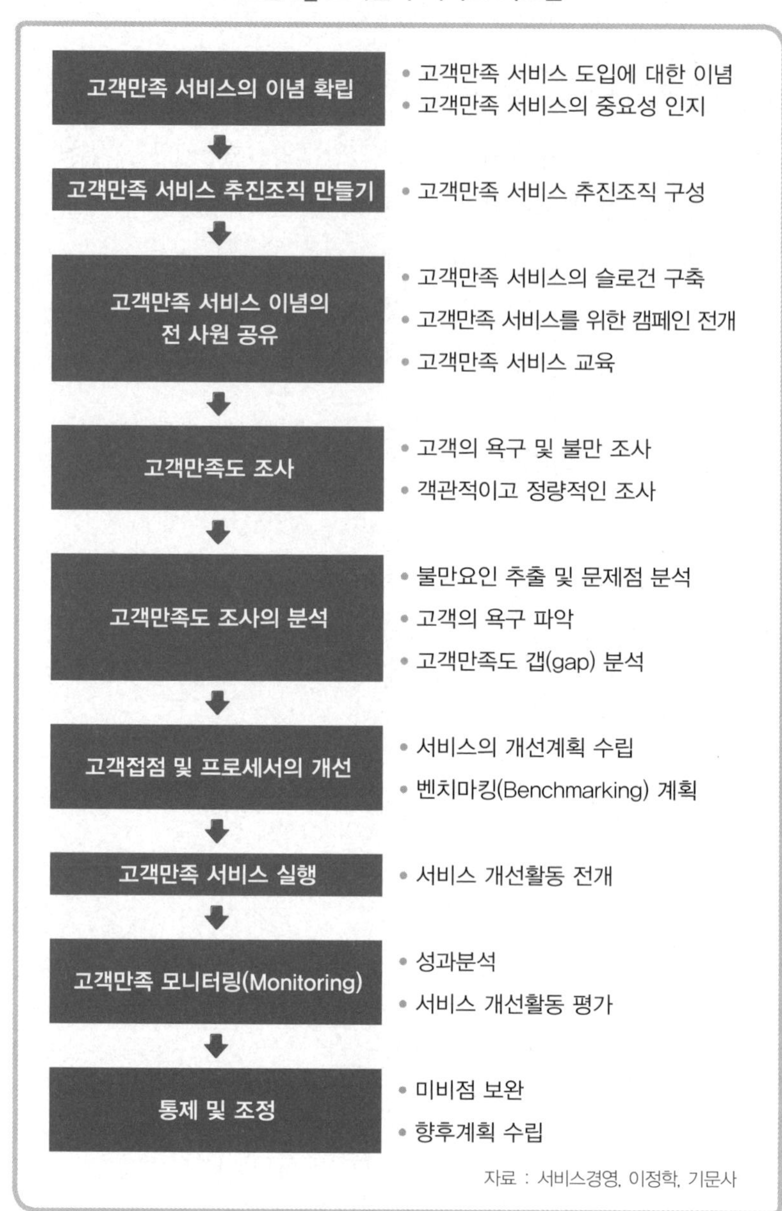

자료 : 서비스경영, 이정학, 기문사

6. 고객감동

1) 고객감동이란

⚙ 고객의 욕구 또는 기대를 넘어선 제품과 서비스를 제공하여 고객의 마음을 움직이게 하는 것이다. 고객만족이 정적이고 일시적인 개념이라면, 고객감동은 동적이고 감성적이며 장기적이고 지속적인 활동이며 불변의 마인드로 평생고객을 창조한다는 개념이다.

한정된 고객으로부터 수익을 창출해야 하는 기업은 기대수준 이상의 가치를 고객에게 제공해야 시장경쟁에서 이길 수 있다. 고객의 욕구와 기대를 충족시킨 정도를 고객만족이라고 하면 고객감동은 '고객의 마음을 움직이게 하는 것'이다. 기업의 제품이나 서비스에 감동한 고객은 그 기업의 충성고객이 된다. 그러나 단순한 하드웨어적 요소만으로는 고객을 만족시킬 수 없으며 감동적인 소프트웨어적 요소를 가미하여 감성을 자극할 수 있어야 충성고객이 된다. 특정 기업의 제품이나 서비스만을 선호하는 충성고객의 특성은 그 기업이 제공하는 제품의 하드웨어적 요소에 감동하는 것이 아니라 접점의 순간마다 느끼는 어떤 예기치 못했던 기쁨이나 즐거움과 같은 무형적 요소들에 감동한다. 제품의 수준이 고객의 욕구를 초과하고 예기치 못한 또는 기대하지 않았던 서비스를 제공받는다면 고객은 그 제품이나 서비스를 제공한 기업에 감동하고 브랜드 이미지에 충성하게 된다. 어떤 학자가 '창의적인 개발자가 되기 이전에 창의적인 소비자가 되라'고 했다. 고객의 시각에서 고객을 이해해야 고객에게 감동을 줄 수 있다는 의미이다. 이제 제품의 기능이나 성능만으로는 고객을 감동시킬 수 없다. 고객감동은 실천적 행동이 습관화되어야 하고 지속적이며 불변해야 가능하다.

그림 4_ 고객의 기대와 고객체감 서비스

고객의 기대 > 고객체감 서비스 : 불만 → 고객이탈
고객의 기대 = 고객체감 서비스 : 보통 → 이탈 가능
고객의 기대 ≤ 고객체감 서비스 : 만족 → 유지 가능
고객의 기대 ≪ 고객체감 서비스 : 감동 → 충성 고객

자료 : 서비스네비게이션, 김영훈·나현숙, 아카데미아의 p. 24 내용을 재정리

2) 고객감동의 6단계

① **고객지향단계** : 사전 정보제공 혹은 질의에 대한 응답
② **고객초점단계** : 방문객에 대한 서비스
③ **고객기쁨단계** : 거래가 이루어지는 동안의 서비스
④ **고객만족단계** : 거래종료 후 배웅까지의 서비스
⑤ **고객감동단계** : 24시간 이내의 사후지원 서비스
⑥ **고객감격단계** : 평생고객화를 위해 제공하는 서비스

3) 고객만족 서비스를 위한 9가지 법칙

① 고객을 먼저 알아보자.
② 첫인상을 좋게 하라.
③ 고객의 기대감에 부응하라.
④ 고객의 수고를 덜어라.
⑤ 고객의 의사결정을 용이하게 하라.
⑥ 고객의 견해에 초점을 맞추어라.
⑦ 고객의 시간 한계를 위반하지 마라.
⑧ 고객이 회상하고 싶어 하는 추억을 만들어라.
⑨ 고객들은 기분 나쁜 경험을 더 오래 기억한다.

Service Power Story

서비스의 7대 죄악

알브레히트(Albrecht)는 고객의 불만을 분석한 결과 서비스의 7대 죄악을 규정하였다.

- **무관심** : '나와는 관계없다'는 태도. 주로 일에 지친 서비스인이나 뒷짐을 지고 있는 관리자에게서 볼 수 있다.
- **무시** : 고객의 요구나 상담에 대해 무시하고 고객을 피하는 일. 즉 정해진 시간과 절차 안에 고객을 속박시키고 고객의 문제에 대해서는 귀찮아하는 경우이다.
- **냉담** : 고객에게 퉁명스럽고, 불친절 등의 냉담을 보이면서 '방해가 되니 저쪽으로 가시오.'라고 하는 식의 태도. 주로 행정기관이나 레스토랑 서비스에서 볼 수 있다.
- **어린애 취급** : 고객을 어린애 취급하는 것. 주로 의료기관에서 많이 볼 수 있다.
- **로봇화** : 서비스가 정감이 없고 마치 기계처럼 돌아가는 경우. 즉 서비스하는 데 미소와 대화가 없고, 인사를 하더라도 가식적이며 진심이 결여되어 있는 상태다. 대부분의 서비스업종에서 볼 수 있다.
- **법대로** : 고객만족보다는 회사의 규칙을 우선시하고 자기가 맡은 업무 외에는 기꺼이 응하지 않으려고 하는 태도. 즉 예외를 인정하거나 상식을 생각하지 않는다. 무사안일주의 서비스업체에서 흔히 볼 수 있다.
- **발뺌** : 고객의 불평불만에 대하여 대응해 주지 않고 '나는 모릅니다', '글쎄요', '윗분에게 물어보세요' 하는 식으로 대하고, 때로는 고객의 잘못으로 돌리는 경우

『서비스 경영』 중에서

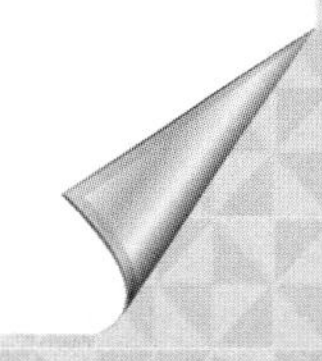

05 주차

고객만족의 의의

SERVICE

Basic Service Program

서비스 기본 과정

- 6주차 서비스인의 얼굴 경영
- 7주차 심화 및 향상 평가
- 8주차 서비스인의 바른 자세와 인사
- 9주차 효과적인 서비스 커뮤니케이션 스킬
- 10주차 마음을 사로잡는 커뮤니케이션
- 11주차 서비스인의 전화응대

서비스인의 얼굴 경영

1. 첫인상을 정의하고 첫인상의 중요성을 설명할 수 있다.
2. 표정 관리 목록을 만들고 표정 연출을 보여줄 수 있다.

1. 인상과 첫인상

가. 인상

'생긴 대로 산다'라는 말이 있다. 인상학자의 입장에서 보면 한편 맞는 말이다. 하지만 '사는 대로 생긴다'라는 말이 사실은 더 맞는 말이다. 인상은 살아 움직이는 생물이다. 마음에 따라, 삶의 방식에 따라, 직업에 따라, 어떤 사람을 만나는지에 따라, 수많은 요인에 따라 달라지며 얼굴의 주인이 어떻게 노력하는지에 따라서도 변화시킬 수 있는 것이다.

화가 레오나르도 다빈치는 자신의 그림 속 강도(强盜)의 모델이 필요했다. 한참을 찾아 헤매다가 드디어 적합한 사람을 찾아냈다. 그런

> ⚙ 인상학의 이론은 영·혼·육의 끊임없는 상호작용이 바로 인간의 삶이라는, 동양의 인생관에 바탕을 두고 있다. 즉 일상생활에서 즐거우면 밝은 인상으로, 분노하면 찌그러진 인상으로, 슬프면 어두운 인상으로 변한다. 사람의 얼굴은 사유의 방법에 따라 표정이 만들어지고 이것이 근육의 변화를 이뤄 마침내 그 얼굴 속에 자신의 운명과 삶의 방향 등이 나타나게 된다.

데 그 사람은 알고 보니 수년 전 예수의 모델이 되어달라고 부탁했던 바로 그 사람이었다. 뒷골목에서 험하게 살아온 몇 년의 생활이 예수에서 도둑의 인상으로 변하게 한 것이었다.

얼굴이 캔버스라면 채색을 하는 물감과 붓은 그 사람의 마음과 행동이다. 선천적으로 타고난 뼈대야 고치기 힘들다지만 얼굴의 색이나 분위기는 자신이 어떻게 마음먹고 얼마나 노력하느냐에 따라 달라질 수 있다. 길은 갈 탓, 말은 할 탓, 인상은 만들 탓이다. 인간은 처음에 육체가 있고 거기에 영혼이 들어가 완성된다. '육체+영혼=인간'이라는 공식이 성립되는데, 육체와 영혼을 잇는 파이프가 바로 '마음'이다. 육체는 눈으로 볼 수 있지만 영혼은 눈으로 보기 힘들다. 그나마 이 영혼을 들여다볼 수 있는 것이 바로 그 사람의 얼굴이다.

갓 태어난 아기의 얼굴은 대개 같은 인상을 갖고 있다. 그 얼굴이 성숙해 가면서 여러 가지 기(氣)가 투영되고 융합작용을 일으키면서 인상이 형성되는 것이다. 이 과정에 좋은 기운을 받지 못한 사람은 영혼도 정화되지 않아 성격도 삐뚤어지고 인상도 좋지 않게 나타난다. 그렇다면 적어도 이 글을 읽은 사람은 나쁜 기운을 멀리하고 좋은 기운을 끌어들이려는 마음을 가져야 한다.

링컨의 말처럼 사람은 자기 얼굴에 책임을 져야 한다. 주어진 환경에서 수동적으로 살게 되는 어린 시절이나, 유혹에 약하고 판단력이 미숙하고 삶의 중심이 잡히지 않은 청년기라면 모르지만 불혹의 나이에 이르러서도 인상이 좋지 않다면 그 사람의 심상은 일그러져 있다고 해도 과인이 아니다. 링컨이 동양의 인상학을 연구했을 리 없는데, 이런 말을 했다면 동서고금을 막론하고 '인상=심상'의 논리는 진리로 통하고 있음을 의미한다.

얼굴이란 식물로 치자면 한 송이 꽃이다. 그해의 기후불순이나 비료부족 등으로 설령 못생긴 꽃이 피었다 하더라도 그것은 그다지 문제될 일이 아니다. 꽃은 시들어도 뿌리가 살아 있다면 좋은 비료를 줌으로써 다시 한 번 훌륭한 꽃을 피울 수도 있다. 그 뿌리는 인간으로 치자면 영혼이다. 영혼에 좋은 기운을 줌으로써 그 사람의 인생은

되살아날 수 있다. 여러 기운 가운데 좋은 기만 골라 자기 영혼에 받아들이도록 노력한다면 사람의 인상은 반드시 좋게 변한다.

나. 첫인상(First impression)

우리의 인상은 처음 만나서, 특히 짧은 시간에, 상대에 대한 정보를 파악하여 평가와 결론을 내리게 한다. 사람을 만날 때 형성되는 첫인상은 상대에게 갖는 최초의 이미지이며, 동시에 타인에게 나타나는 자신의 정보를 전하는 첫 번째 단계이다.

- 첫인상은 사회적 상호작용의 시작이자 추후 상호작용의 결정요인이 되므로 타인에 의한 인상 형성의 영향요인과 대인정보에 따른 처리방식을 이해해야 한다.

첫인상이 중요한 이유는 자칫 한 번 잘못 비쳐지면 상대방의 기억 속에 오랫동안 각인되어 회복이 어려워지기 때문이다. 첫인상은 처음 대면하는 극히 짧은 시간에 그 사람에 대한 평가와 결론을 내리는 것으로, 처음 대하는 사람에 대해 갖는 최초의 이미지이며 동시에 타인에게 자신을 개방하는 최초의 단계이다.

첫인상은 그 사람과의 상호작용이 어떻게 진행될 것인가를 어느 정도 예측해 주는 역할을 한다. 사람들은 관계 속에서 손익을 예측하고 상대를 판단한다. 두 가지 경우 모두 제한된 정보에 바탕을 둔 판단이나, 이러한 판단은 심리적으로 만족스러울 것이라는 기대를 갖게 한다.

첫인상이 좋아야 한다는 것은 지극히 일반적인 사실이다. 이는 일상생활 속에서 어떤 사람의 모습이나 행동을 짧은 순간만 접촉해도 그 사람에 대해 광범위한 인상을 형성하는 경향이 있음을 시사한다. 첫인상은 사회적 상호작용의 시작이며 추후 상호작용의 결정요인이 되므로 타인에 대한 인상 형성 상황에서의 영향요인 및 정보처리방식을 이해하는 것은 매우 중요하다.

세계적인 심리학자 로렌스의 '오리새끼 실험'은 관계를 형성하는 데 있어 첫인상이 얼마나 중요한지를 설명하고 있다. 오리새끼는 부화하는 순간부터 여덟 시간에서 열두 시간 정도 함께 있어준 사람을 뒤따라 다니더라는 것이다. 처음 본 함께 있어준 사람을 어미 오리로 각인한다는 것이다.

인간사회뿐만 아니라 모든 동물들도 그 대상과의 신뢰감을 형성하는 시기가 있다는 증거가 된다. 따라서 첫인상을 어떻게 심어 놓느냐가 다른 사람들과의 관계를 결정하는 가장 큰 변수가 된다.

첫인상에 영향을 주는 얼굴은 곧 자신을 표현하는 것이므로 사람을 나타내는 전부가 될 수 있다. 또한 얼굴은 상대방의 영혼까지 볼 수 있는 여러 의미를 담고 있어서 상대의 얼굴에서 나오는 표정이나 인상은 자신에게도 비춰지게 되어 우리에게 아주 위력적인 영향을 준다.

사람의 인상은 경험과 학습을 통해 과거에 지각했던 자극을 상기시키는 형태로 기억되거나 과거의 지각이 없어도 그 사람에 대해 마음속에 떠오르는 영상상태로 나타나기도 한다. 또한 사람의 진가는 많은 대화를 함으로써 여러 가지 종합하여 판단하고 알아가게 되겠지만 첫인상이 좋아야 첫 만남 이후의 대면에서 호감을 느끼면서 지속적으로 인간관계가 원만하게 진행된다. 반대로 첫인상이 좋지 않으면 무관심하게 되고 자기표현을 할 수 있는 기회를 잃게 되면서 만남은 더 이상 이루어지지 않는다.

그림 1_ 호감상태에 의한 관계성

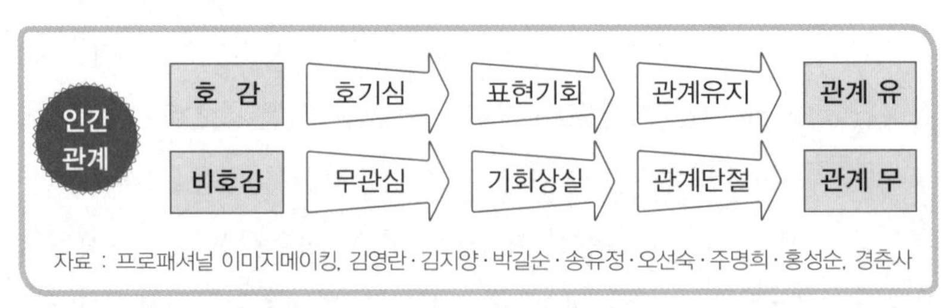

자료 : 프로패셔널 이미지메이킹, 김영란·김지양·박길순·송유정·오선숙·주명희·홍성순, 경춘사

1) 첫인상 결정요소

첫인상은 상대방에게 자신을 전달하는 과정 중 하나이며, 누구나 만남을 갖게 되면 정보를 주고받으면서 제일 먼저 알 수 있는 것이다. 첫인상은 상대방에 대한 평가에서 전체 이미지의 50% 이상을 차지하는 만큼 매우 중요한 요소이다. 새로운 사람과 교류할 때 좋은 첫인상을 구축하는 사람은 호감도가 높기 때문에 유익하게 작용한다.

첫인상을 구성하는 요소로 얼굴 표정과 피부색, 말씨, 제스처, 스타일 등이 있는데 거울을 바라보며 꾸준히 훈련하면 자신도 몰라볼 정도로 좋은 효과를 얻을 수 있다. 특히 미소 짓는 모습을 연상하고, 몸에 익숙해지도록 연습하여 만들어간다.

미국의 사회심리학자인 앨버트 메라비언(Albert Mehrabian)은 한 개인의 인상을 결정하는 요소를 조사한 결과, 첫인상에서 가장 중요한 요소는 몸짓, 표정, 자세 등 시각적 요소가 차지하는 비율이 55%로 나타났다. 그 다음으로는 청각적 언어가 차지하는 음조나 억양 등의 비율이 38%로 목소리의 억양과 말투로 나타났으며, 7%만이 그 사람이 전달하고자 하는 대화의 내용이 첫인상을 각인시켰다. 이는 언어적 메시지보다는 얼굴 표정, 음성, 제스처 등의 비언어적 메시지가 커뮤니케이션의 효력을 90% 이상 좌우하여 전달되는 비언어적 커뮤니케이션의 중요성을 일깨워준다. 상대방이 느끼는 첫인상은 개인이든 기업이든 보이는 부분이 머리 속에 영상으로 남게 되는 것이다.

그림 2_ 메라비언 차트

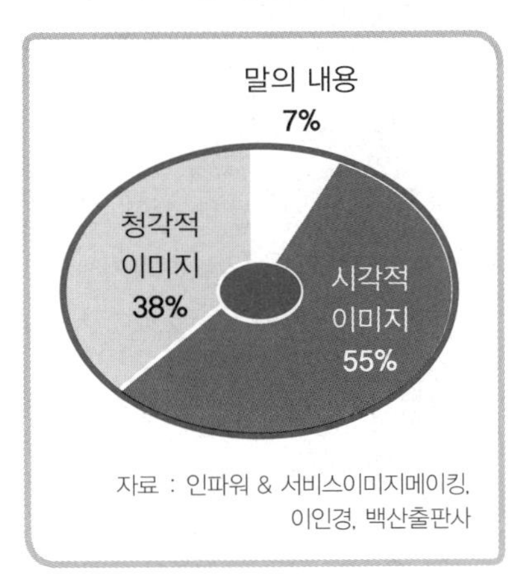

자료 : 인파워 & 서비스이미지메이킹, 이인경, 백산출판사

2) 첫인상 효과

상대방에게 느낀 첫인상은 오랫동안 영향을 미치기 때문에 첫인상이 우리에게 얼마나 중요한지를 다시 한 번 깨닫게 해준다. 첫인상이 좋으면 몇 배의 좋은 행동을 하게 되어 좋은 인상을 만들 수 있지만, 첫인상이 나쁘면 후에 좋았다 해도 단 한 번의 나쁜 행동에도 영향을 받는 것이다. 그러므로 호감 가는 첫인상을 전달하는 데 성공했다면 좋은 행동을 더 하려고 애쓰기보다는 나쁜 행동을 하지 않도록 주의해야 한다.

첫인상의 효과는 첫 대면에서 상대에게 주는 정보의 원인에 따라 초두효과, 맥락효과, 부정성효과, 후광효과로 나눌 수 있다.

❶ 초두효과(Primacy Effect)

초두효과는 초기 정보가 후기 정보보다 훨씬 더 강하게 작용하기 때문에 첫인상이 쉽게 바뀌지 않는 현상이다. 첫인상의 효과를 알아보기 위해서 미국의 심리학자 솔로몬 애시(Solomon Asch)는 두 집단의 사람들에게 어떤 인물에 대한 성격을 여섯 가지 특성으로 나누어 실험하였다. 한 집단은 긍정적인 내용을 먼저 들려주고, 다른 한 집단은 부정적인 내용을 먼저 들려주었을 때 다음과 같은 현상으로 나타났다.

긍정적인 내용을 먼저 들었던 첫 번째 집단의 사람들은 부정적 내용을 먼저 들었던 두 번째 집단의 사람들에 비해 훨씬 더 긍정적인 평가가 이루어진다는 결과가 나왔다. 사람에 대한 인상평가는 성격특성 중 어떤 내용을 먼저 들었는지에 따라 완전히 다른 인상을 형성하게 되었다.

결국 첫인상의 새로운 이미지는 언제든지 긍정적인 요소들의 정보가 훨씬 영향을 주게 되어 상대에게 초기의 정보를 긍정적으로 전달하도록 해야 한다.

그림 3_ 첫인상 효과 실험

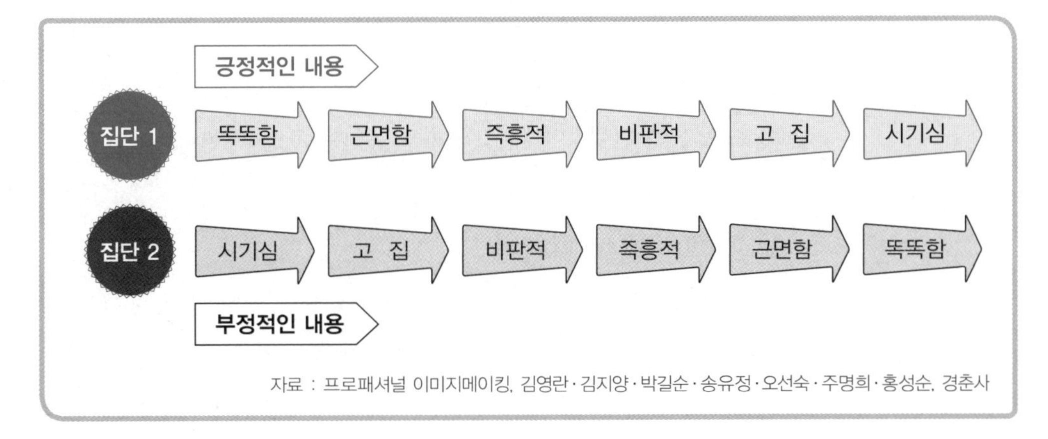

자료 : 프로패셔널 이미지메이킹, 김영란·김지양·박길순·송유정·오선숙·주명희·홍성순, 경춘사

❷ 맥락효과(Context Effect)

맥락효과는 처음 제시된 정보가 나중에 들어오는 정보에 영향을 미치게 되어 전반적인 맥락을 제공하는 현상이다. 첫인상이 좋은 여자가 애교를 부리면 귀엽게 느껴지지만, 첫인상이 좋지 않은 여자가 애교를 부리면 정상으로 보이지 않는다. 이처럼 똑같은 정보라도 첫인상에 따라 완전히 다르게 해석된다. 첫인상에 대해 처음 인지한 정보가 나중에 들어오는 정보에 대해 근거를 제공하기 때문이다. 예를 들면 첫인상이 좋은 사람이 머리가 좋다고 하면 그 사람을 현명하고 지혜로운 사람으로 판단한다. 하지만 첫인상이 나쁜 사람이 머리가 좋다는 것을 알게 되면 그 사람을 교활한 사람이라 생각하게 된다.

❸ 부정성효과(Negativity Effect)

부정성효과는 어떤 사람에 대한 첫인상이 매우 좋았는데 그 사람에 대한 나쁜 말을 들으면 그 사람에 대한 긍정적인 인상이 나쁜 인상으로 바뀐다. 반면 어떤 사람에 대한 첫인상이 좋은 사람이 나쁘게 평가되었어도 그 사람에 대한 긍정적인 말의 정보, 예를 들어 '성실하다', '근면하다'는 말을 들었다면 '이기적이다'라는 부정적인 정보를 주어도 그 사람은 나쁜 인상을 바꾸는 데 아무런 도움이 되지 않는다.

호감 가는 첫인상은 부정적인 정보를 접하면 쉽게 나쁜 쪽으로 바뀔 수 있다. 그러나 한번 나쁘게 인식된 첫인상은 긍정적 정보가 적용되어도 좋은 쪽으로 바뀌지 않는다. 즉 부정적인 정보는 긍정적인 정보보다 훨씬 더 중요하게 작용되기 마련이다. 이처럼 부정적인 정보가 긍정적인 정보보다 인상 형성에 더 강하게 작용하는 것을 말한다.

❹ 후광효과(Hallo Effect)

후광효과는 어떤 사람에 대하여 판단할 때, 그 사람의 긍정적 또는 부정적 특성을 논리적 관계가 성립하지 않음에도 일반화시켜 판단하는 경향이나 현상을 말한다. 이것은 어떤 사물이나 사람을 평가함에 있어 부분적인 속성에서 받은 인상 때문에 다른 측면에서의 평가나 전체적인 평가가 영향을 받는 것이다.

첫인상에서 외모가 좋아 보이면 그 사람의 단점도 좋게 보인다. 이것은 한번 내린 긍정적인 혹은 부정적인 인상이 다른 영역의 대인평가에도 영향을 미치게 하는 것이다. 처음 만났을 때 상대방에게 호감을 느끼면 그 사람은 매력적이고 지적이고 관대하다는 등의 평가를 하게 된다.

2. 표정 관리

첫인상을 결정짓는 요소 중에서도 가장 큰 비중을 차지하는 것이 얼굴이다. 이것은 생김새의 잘생기고 못생김을 의미하는 것이 아니라 그 사람이 평상시 짓고 있는 표정을 의미하는 것이다.

얼굴 표정에 대한 해석은 세계적으로 공통점이 있다. 찰스 다윈은 1872년 『사람과 동물들의 감정표현』이라는 책을 출간했는데, 당시 각계각층의 논란을 일으켰다. 다윈은 모든 포유동물들이 감정을 지니고 있으며, 이를 표현하는 방법 중 한 가지가 '얼굴 표정'이라고 말했다. 얼굴을 찌푸리고 있는 사람이 불행하고 부정적으로 보이듯이 밝은 표정의 사람을 보면 긍정적인 사람으로 추측한다.

다윈의 책은 사회적으로 큰 파장을 일으켰으나 곧 잠잠해졌다. 심리학계에서는 우리의 얼굴이 감정을 표현하고는 있지만, 이것은 타고난 천성적인 표현이라기보다는 문화의 산물이라고 하였다. 그러나 1965년 심리학자였던 폴 에크먼의 주장으로 이러한 심리학계의 가설은 설득력을 잃게 되었다. 미국인인 폴 에크먼은 세계 각지를 여행하면서 다양한 국적과 인종의 사람들에게 다양한 표정을 짓고 있는 얼굴 사진을 보여주는 실험을 통해 아시아와 남미인들이 미국인들과 똑같은 얼굴 표정을 한 것으로 인식하고 있다는 사실을 입증하였다. 그는 또한 고원지대로 가서 TV나 서구인들을 한번도 본 적이 없는 사람들에게도 똑같은 사진들을 보여주었는데 이들 또한 다른 지역 사람들과 똑같이 이들의 표정을 해석하였다.

결국 다윈이 옳았던 것이다. 얼굴 표정은 세계 공통이었다. 대부분의 사람들은 표정을 읽고 그에 공감할 수 있는 능력을 향상시킬 수 있다. 사람들은 공감능력을 발달시킬 수 있는 잠재력을 가지고 있으나, 다만 이를 발달시키지 않았을 뿐이다.

가. 표정의 중요성

'여러분은 거울을 통해서 하루에 몇 시간 정도 자신의 모습을 봅니까?' 하루 24시간의 생활 중 이렇듯 자신의 모습을 보는 시간보다 오히려 남에게 보이는 시간이 더 많다. '나는 지금도 너무나 잘 웃고 있다'라는 사람도 있을 것이다. 판단에는 주관적인 것과 객관적인 것이 있다.

나는 호의를 갖고 웃는데 상대방은 '저 사람 왜 저래'라고 오해를 하는 경우도 있다. 이것은 제대로 웃고 있지 못하다는 의미이다. 또 자신은 자신의 표정에 대해 온화하고 긍정적인 모습을 가지고 있다고 생각하는데 다른 사람들은 자신의 표정에 대해 '차갑다', '무례해 보인다'는 평가를 하기도 한다. 많은 사람들이 이런 말을 한다. "처음 본

사람들은 저보고 차갑게 보인다고 하는데 친해지고 나면 알수록 괜찮은 사람이라고 해요." 이러한 말은 자신은 원래 그런 사람이 아니고 친해지면 자신에 대한 정확한 판단을 내릴 수 있는데 다른 사람들이 자신을 처음 모습만 보고 판단할 때 대부분 잘못 판단하고 있다는 의미이다. 그러나 이런 말을 자주 듣는 사람이라면 자신의 첫인상과 표정에 대해 다시 한 번 생각해 볼 필요가 있다. 자신이 느끼는 주관적 판단의 느낌이 아니라 상대방이 보았을 때 모든 사람에게 공통적으로 어필할 수 있는 객관적인 표정 연출이 가능해야 한다.

그림 4_ 표정의 중요성

24H − (거울 보는 시간 + 잠 자는 시간) = 남에게 보이는 시간

자료 : 서비스 리더십과 커뮤니케이션, 박소연·변풍식·유은경, 한울

표정의 중요성에 대해서 정리해 보면 다음과 같다.

❶ 첫인상이 결정된다

표정을 통하여 첫인상이 결정되고, 그것이 본인의 이미지를 형성하게 된다.

❷ 호의적인 태도가 형성된다

첫인상이 좋아야 계속해서 대면이 가능해져 인간관계가 지속되며, 호감이나 호의적인 태도를 형성할 수 있다.

❸ 밝은 표정은 인간관계의 기본이다

밝은 표정은 환영을 의미하고, 자신감을 갖게 해줄뿐더러 소극적인 감정을 치료해서 적극적으로 만들어준다.

❹ 상대방의 표정은 나의 책임이다

나의 표정이 밝고 환하면 보는 사람으로 하여금 즐겁게 만드는 효과가 있다.

나. 표정의 효과

프랑스의 어머니들은 자녀들에게 "얘야, 너의 얼굴은 너를 위한 것이 아니다. 주위 사람들을 행복하게 해주기 위한 소중한 것이란다." 라고 늘 얘기한다고 한다. 상대방이 나의 표정을 보고 여러 가지 심리 변화를 일으키기 때문이다. 우리가 일상생활에서 유난히 기분 좋은 사람들을 만나면 나도 모르게 표정이 밝아지는 것도 이 때문이다.

항상 미소 짓는 얼굴은 재능이 다소 부족해도 주변에 많은 사람들을 불러들여 그들의 도움으로 성공할 수 있는 큰 행운을 가져온다. 그래서 표정은 얼굴을 변화시키고 그 사람의 운명까지 결정한다고 할 수 있다.

❶ 건강증진의 효과

웃음은 앉아서 하는 조깅이라 할 정도로 운동효과가 있다. 또한 웃음을 통해 긴장감이나 불안감이 해소됨으로써 스트레스가 해소되고 면역기능이 증가함에 따라 얼굴의 노화가 방지되는 효과가 있다고 한다. 1회 웃음에는 5분 동안 에어로빅한 효과가 있고, 크게 소리 내어 웃으면 3분간 노 젓기한 것과 같은 효과가 있다고 한다. UCLA 병원의 프리드먼 박사는 하루에 45분 웃으면 고혈압이나 스트레스 등 현대질병의 치료가 가능하다고 할 정도로 웃음은 건강에 도움이 된다.

❷ 호감 형성의 효과

밝은 표정은 자신의 인상을 좋게 해주며 상대방에게 호감과 편안한 기분이 들게 해준다. 표정은 자신의 것이지만 자신이 보는 것이 아니라 상대에게 보이는 것이다. 미소 띤 얼굴은 '기분 좋은 사람, 따뜻

1주차 2주차 3주차 4주차 5주차 6주차 7주차 8주차 9주차 10주차 11주차 12주차 13주차 14주차 15주차

한 사람, 솔직한 사람'이라는 인상과 친근감을 준다.

❸ 마인드 컨트롤의 효과

웃다 보면 마음이 즐거워지고 기분이 좋아지며 일의 능률이 오른다.

❹ 실적 향상의 효과

미소 짓는 세일즈맨은 그렇지 않은 사람에 비해 판매 실적이 20%나 높다는 일본에서의 연구 결과가 있다. 이것은 일종의 '신바람효과'라고 할 수 있는데, 밝은 표정은 업무의 효율성을 증진시키고 일의 능률이 오르면 그에 따라 실적도 향상된다는 것이다.

❺ 감정 이입(移入)의 효과

내 기분은 물론 상대의 기분까지 좋게 만든다.

3. 표정 연출

표 1_ 표정관리 체크리스트

구분	내용	체크
1	자신의 표정은 밝고 상쾌한 모습인가	
2	자신의 표정은 돌아서면서 굳어지는 편인가	
3	자신의 표정에서 입은 가볍게 다물고 있는가	
4	자신의 표정에서 양쪽 입꼬리가 올라가 있는가	
5	평상시 당황하면 혀를 내미는 습관이 있는가	
6	평상시 자연스러운 미소를 짓고 있는가	
7	평상시 시선은 부드럽거나 편안한 편인가	
8	말을 할 때 눈을 너무 자주 깜빡거리지 않는가	
9	혼자 있는 시간에도 항상 표정관리에 신경을 쓰는가	
10	너무 긴장하면 입술을 깨물거나 오므리지 않는가	
11	턱을 너무 들고 있거나 혹은 너무 숙이고 있지 않은가	
12	눈동자가 불안정하게 움직이고 있지 않은가	
13	웃고 있는 입술이 한쪽으로만 올라가지 않는가	
14	웃을 때 습관적으로 입을 가리지는 않는가	
15	웃는 얼굴에 대해 칭찬을 받은 적이 있는가	
16	얼굴 표정이 부드럽고 편안하다고 생각되는가	
17	얼굴 표정을 웃는 얼굴로 바꾸고 싶은 생각이 있는가	
18	자신의 웃는 표정이 마음에 드는가	
19	자신도 모르게 습관적으로 미간을 찌푸리고 있는가	
20	자신의 표정은 매우 다양하다고 생각하는가	

자료 : 프로패셔널 이미지메이킹, 김영란·김지양·박길순·송유정·오선숙·주명희·홍성순, 경춘사

사람의 얼굴 표정은 부모로부터 물려받아 자기노력에 의해서 개인의 이미지를 형성하고 성장하면서 변해간다. 사람의 얼굴근육은 80개로 되어 있고, 그 근육으로 7,000가지 이상의 표정을 짓는다. 우리 신체 가운데 가장 많은 근육을 가지고 있는 것이 바로 얼굴이다. 그러므로 사람들은 습관적으로 표정근육을 자주 사용하는 만큼 평소 그 사람의 표정이 되어 표정근육의 움직임에 따라서 개인의 얼굴 표정이 만들어진다.

얼굴 표정을 자연스럽고 아름답게 만들기 위해서는 눈가나 입, 볼 등의 근육들을 균형 있게 움직여야 한다. 아침에 일어나자마자 하는 것이 효과적이나 여유 있는 시간에 규칙적으로 하는 것이 좋다. 미소 띤 얼굴을 만들려면 근육운동을 주기적으로 실시하여 웃음을 잃지 않도록 긴장을 푼 상태에서 편안한 마음으로 천천히 해야 한다. 근육운동을 할 때 피부가 건조하여 당기게 되면 역효과가 나기 때문에 가급적 보습크림을 바른 상태에서 하는 것이 좋다.

가. 미소 훈련

좋은 표정은 멋진 미소와 동반될 때 훨씬 효율적이다. 고객에게 미소 짓는 것과 같은 단순한 비언어적 암시는 서비스인이 고객 중심적이라는 효과적인 메시지를 전달한다. 고객을 응대함에 있어 항상 미소 짓고 고객을 기꺼이 돕겠다는 열정과 의지를 표현해야 한다.

나. 호감을 주는 표정의 포인트

① 눈과 입이 함께 웃어야 한다.
② 턱의 위치를 바르게 두어야 한다.
③ 고개를 반듯하게 해야 한다.
④ 바른 시선에 유의한다.

그림 5_ 미소 훈련 방법

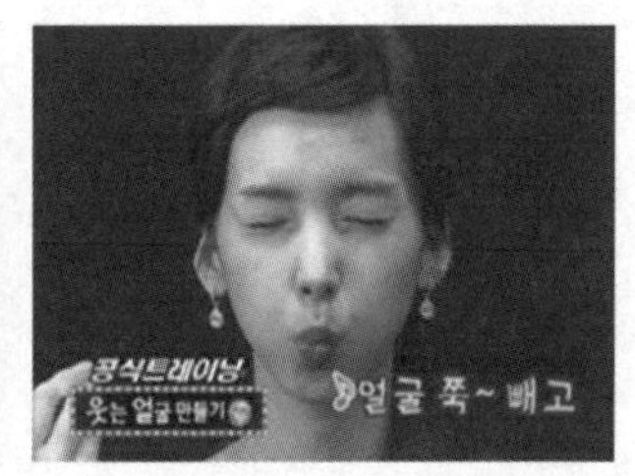

자료 : 얼굴 예뻐지는 방법? 성형수술 아니라 '개구리 뒷다리~!', 뉴스엔, 2008년 03월 10일자

다. 호감 가지 않는 표정

❶ 무표정

무표정한 얼굴에는 상대방이 인간미를 느끼지 못한다.

❷ 미간에 주름을 세운 표정

상대방에게 어둡게 비쳐지고, 상대방까지도 어둡게 만든다.

❸ 입술을 옆으로 다문 표정

상대방이 두려움을 느끼고 접촉을 회피한다.

❹ 코웃음 치는 것 같은 표정

상대방을 경시하는 것처럼 보이게 한다.

Service Power Story

동양에서 주로 근무했던 프랑스 어느 여 기자가 동양인의 표정에 대해 쓴 평가서가 있다.

- 무표정하게 느긋하게 걸어오면 ➡ 중국인
- 온화하게 바쁘게 걸어오면 ➡ 일본인
- 화난 표정으로 급하게 걸어오면 ➡ 한국인

별로 반갑지 않은 자료지만 우리의 모습을 다시 한 번 객관적으로 돌아볼 필요가 있지 않을까?

『커뮤니케이션 예절』 중에서

서비스인의 얼굴 경영

심화 및 향상 평가

1. 1~6주차 교육의 학습성과를 달성하기 위한 지식을 평가한다.
2. 1~6주차 교육내용을 이해하고 설명할 수 있다.

07 주차 심화 및 향상 평가

1. 과거 서비스의 의미와 현대 서비스의 의미를 설명해 보라.

2. 서비스 사이클 2가지를 구별해 보라.

3. 서비스인의 마음가짐에 대해 설명해 보라.

4. 서비스와 심부름의 차이를 표로 나타내어 보라.

5. 서비스 피라미드를 이해하고 가장 상위개념에 대하여 설명해 보라.

6. 서비스의 특성 4가지를 설명해 보라.

7. 제품과 서비스의 차이점을 구별해 보라.

8. 행위 시점을 기준으로 서비스를 분류하여 설명해 보라.

9. 서비스 프로세스 매트릭스를 그래프로 표현해 보라.

10. 서비스의 종류에서 서비스의 5가지 방식, 5S, 상황별 서비스에 대해 설명해 보라.

11. 외부고객과 내부고객의 개념에 대해 설명해 보라.

12. 고객이 가지고 있는 기본적인 욕구를 5가지로 요약해 보라.

13. 미국 소비자 문제 전문가 굿맨(J. A. Goodman)의 고객만족의 개념을 설명해 보라.

14. 고객만족의 중요성을 설명하는 특성 4가지는 무엇인가?

15. 고객만족의 구성요소에는 어떠한 것들이 있는가?

16. 고객만족을 통하여 얻을 수 있는 현재적 및 잠재적 효과에는 어떠한 것들이 있는가?

17. 한 개인의 첫인상을 결정하는 요소에 대해 설명해 보라. 이를 조사한 미국의 사회심리학자는 누구인가?

18. 첫인상의 효과(초두효과, 맥락효과, 부정성효과, 후광효과)를 구분할 수 있는가?

19. 표정의 중요성과 표정관리의 필요성을 설명해 보라.

20. 표정의 효과 5가지는 무엇인가?

나의 스마일 지수

자신에게 해당되는 것이 몇 개인지 세어보세요.

( ) 미소 짓는 내 얼굴이 마음에 든다.
( ) 웃는 얼굴이 매력적이라고 칭찬을 받은 적이 있다.
( ) 미소 지을 때 입술을 옆으로 최대한 벌린다.
( ) 이가 되도록 많이 보이게 웃는다.
( ) 웃을 때 입술 끝이 위로 향하도록 노력한다.
( ) 항상 미소를 지으려고 노력한다.
( ) 사진을 찍을 때 자연스럽게 웃는 얼굴을 취할 수 있다.
( ) 미소 지을 때 손으로 입을 가리지 않는다.
( ) 웃는 얼굴이 건강에 좋다고 생각한다.

☐ 8개 이상 : 상당히 매력적인 미소를 갖고 있다.
☐ 6~7개 이상 : 웃는 모습이 평범하다.
☐ 4~5개 이상 : 좀 더 아름다운 미소를 가꿔야 한다.
☐ 3개 이하 : 웃는 모습과는 거리가 멀다.

『현대인의 생활매너』 중에서

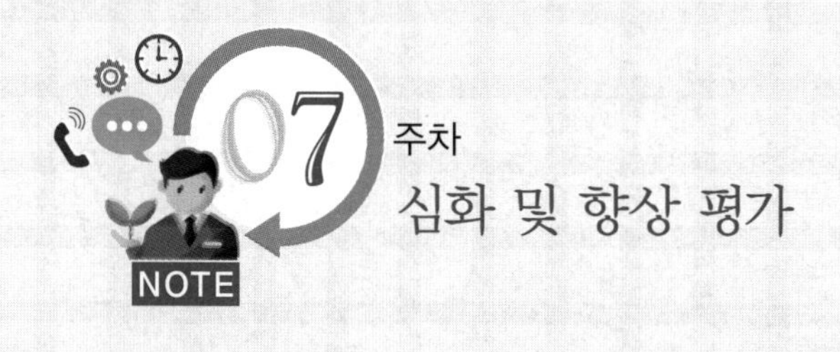
07
주차
심화 및 향상 평가
NOTE

서비스인의 바른 자세와 인사

1. 바른 자세를 보여줄 수 있고, 바르지 않은 자세와 비교할 수 있다.
2. 올바른 인사 자세를 보여줄 수 있고, 상황별 인사의 종류를 설명할 수 있다.

서비스인의 바른 자세와 인사

고객응대 시 나타나는 다양한 자세를 통하여 고객은 서비스인의 행동에 반응하게 된다. 바른 자세로 앉아 있거나, 서 있거나, 자신 있게 걷거나, 적극적인 자세를 취하는 것은 진정으로 고객을 돕겠다는 준비의 표현이 된다. 반면 구부정하게 앉아 있거나, 어깨를 늘어뜨리고 서 있거나, 신발을 질질 끌며 걷는 자세는 고객 서비스 태도가 형편없는 것으로 보일 수 있다.

자세가 바르지 못한 사람은 왠지 정신상태도 바르지 못한 것 같고 신뢰감도 생기지 않는다. 신체의 자세는 마음의 자세에서 비롯되므로 자세는 곧 마음가짐으로 해석될 수 있는 것이다. 여기에 머리, 손, 팔, 어깨 등을 사용하는 몸짓은 언어적 메시지를 강조하기 위해 의사소통에 부가적인 의미를 갖게 한다.

바른 자세를 몸에 익힘으로써 건강하고 호감 가는 이미지를 형성할 수 있을 것이고 나아가서는 좋은 인간관계를 가질 수 있을 것이다. 상대방에게 친절함과 호감을 줄 수 있는 편하고 바른 자세를 갖도록 끊임없이 노력해야 한다. 또 적극적으로 아름다운 몸가짐을 익히고 그것이 평소의 생활에 자연스러운 태도로 나타나도록 한다면 인생에 있어 매우 소중한 자산이 될 것이다.

1. 바른 자세

⚙ 자세는 자신의 태도를 다른 사람에게 보임으로써 외모 다음으로 개인의 인격이 평가되는 부분이라고 할 수 있다. 바른 자세의 기본은 예를 지키는 마음으로 올바른 정신자세를 갖추어 자신감 넘치고 당당한 사람으로서 성공한 사람처럼 보이게 할 것이다. 일상생활에서부터 자세를 교정하겠다는 의식을 갖고 노력해야 한다.

올바른 자세는 기본적으로 선 자세, 앉은 자세, 걷는 자세로 나누어진다.

가. 선 자세

모든 자세의 기본은 서 있을 때의 모습에서 비롯된다. 바른 자세는 평평한 벽에 등을 대고 섰을 때 머리, 양 어깨, 엉덩이, 발뒤꿈치가 모두 벽에 닿는 것이다.

- 발뒤꿈치를 붙이고 발끝은 V자형으로 한다. 이때 두 다리는 힘을 주고 서서 다리 사이로 뒷부분이 보이지 않도록 두 무릎은 반드시 붙인다.
- 몸 전체의 무게중심을 엄지발가락 부근에 두어 몸이 위로 올라간 듯한 느낌으로 선다.
- 머리, 어깨, 등이 일직선이 되도록 허리는 곧게 펴고 가슴을 자연스럽게 내민 후 등이나 어깨의 힘은 뺀다.
- 아랫배에 힘을 주어 당기고, 엉덩이를 약간 들어올린다.
- 얼굴은 턱을 약간 잡아당겨 움직이지 않도록 한다.
- 시선은 정면을 향하고 입가에 미소 또한 잊지 않는다. 그리고 머리와 어깨는 좌우로 치우치지 않도록 유의한다.
- 여성의 경우는 오른손이 위로 가게 하여 가지런히 손을 모아 자

연스럽게 앞으로 내린다. 남성의 경우는 일반적으로 손을 가볍게 쥐어 바지 재봉선에 붙인다. 이때 양손을 약간 둥글게 하면 보다 정중한 인상을 준다. 하지만 고객을 일선에서 응대하는 직업인 경우에는 여자와 반대로 왼손을 위로 하여 공손함을 표한다.

바르게 선 자세에서 두 손을 모으고 맞잡아 상대에게 공손함을 나타내는데 이러한 손의 자세를 공수(拱手)라고 한다. 일반적으로 남자는 왼손이, 여자는 오른손이 위로 가도록 하여 두 손을 포개어 잡고 손가락은 벌어지지 않도록 가지런히 모아서 단전에 올린다. 흉사 시에는 평상시와 반대로 남자는 오른손이 여자는 왼손이 위로 가게 한다. 대표적인 흉사는 상을 당한 때이며, 제사는 흉사로 보지 않는다.

그림 1_ 공수 자세

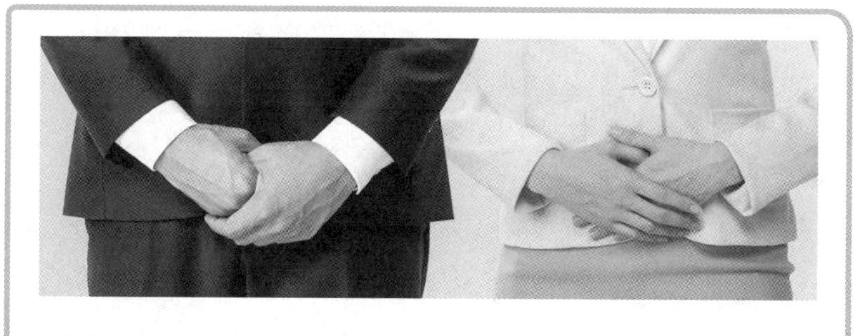

남자 : 왼손을 오른손 위에 포갠다. 여자 : 오른손을 왼손 위에 포갠다.

1) 대기 자세

선 자세로 계속 서 있으면 다리도 아프고 무척 힘이 든다. 또 고객을 대할 때 선 자세를 취하면 딱딱해 보이면서 고객이 부담을 느끼게 된다. 선 자세는 기본자세를 갖추기 위한 것이고, 고객을 맞이할 때는 정중하면서도 부담스럽지 않게 편안하고 자연스러운 모습이어야 한다.

그림 2_ 바른 선 자세

❶ 남성

- 양 발 사이의 간격은 어깨 넓이가 아니라 허리 넓이만큼 유지한다.
- 손은 여자가 인사할 때 필요한 공수 자세를 취한다. 이런 대기 자세는 세련되면서도 정중한 이미지를 준다.

❷ 여성

- 두 발을 모두 일자로 모아서 서는 경우가 많다. 그러나 두 발과 두 다리에 힘을 주고 붙이고 있다 보면 계속 서 있기가 매우 힘이 든다. 이때에는 편안한 발 한쪽을 뒤로 빼서 앞발의 뒤꿈치가 뒷발 중앙의 움푹 패인 곳에 닿도록 한다. 이렇게 하면 앞에서 보기에도 무릎이 붙어 보여 가지런해 보이고, 무게 중심이 두 방향으로 분산되어 훨씬 안정감 있는 자세가 될 수 있다.

2) 좋지 않은 자세

❶ 머리 & 얼굴

얼굴 찡그리기 / 고개 삐딱하게 떨어뜨리기 / 입술 삐죽거리기 /눈동자만 움직여서 보기 / 대화 시 집중적으로 한곳만 쳐다보기/ 대화 시 눈을 마주치지 않는 것 / 위아래로 훑어보기 / 하품하기 / 치아 빨기 / 흥얼거리기 / 껌 씹기 / 킁킁거리기 / 트림 / 턱으로 가리키기

❷ 손 & 팔

주머니에 손 넣기 / 긁기 / 액세서리나 손에 든 물건 만지작거리기 / 코나 귀 후비기 / 손톱 정리 / 팔짱 끼기 / 손톱 물어뜯기 / 입 가리며 얘기하기 / 뒷짐 지기 / 손가락 꺾기

❸ 몸통 & 다리

등 기대기 / 발로 툭툭 차기 / 스트레칭 / 짝다리로 서기 / 신발

끌면서 걷기

나. 앉은 자세

앉은 자세는 일반적으로 많이 쓰이는 것은 아니나 방문한 고객이나 동료 간에도 앉은 자세가 바르지 않다면 상대를 높게 평가하지 않는다. 앉은 자세는 특히 스커트를 입은 여성에게 중요하다.

❶ 남자

- 서 있는 상태에서 의자와의 간격이 자신의 걸음걸이의 반 보 정도가 되도록 간격을 유지하고 편안한 쪽 발을 뒤로 밀어서 의자가 제 위치에 있는지 상태를 점검한다.
- 앉을 때에는 구김이 덜 가도록 바지를 살짝 들어 올리면서, 의자 끝부분과 엉덩이의 꼬리뼈가 닿도록 깊숙이 들어가 앉는다.
- 등과 등받이 사이에는 주먹 하나가 들어갈 정도로 공간을 남겨둔다.
- 양손은 계란을 쥔 듯 가볍게 주먹을 쥐고 대퇴부 위에 올려둔다.

❷ 여성

- 바지를 입었을 경우 남자와 똑같은 방법으로 앉는다.
- 치마를 입었을 경우 그냥 털썩 주저앉으면 뒤쪽은 구겨지고 앞쪽은 들려 올라갈 수 있으므로 손바닥과 손등을 이용해서 치맛자락을 정리해 준다. 왼손은 뒤로 보내 손등으로 뒤쪽을 정리하고 오른손은 앞에서 손바닥으로 앞쪽을 정리하면서 살짝 쓸어내린다.
- 앉을 때는 남자와 마찬가지로 의자 끝까지 깊숙하게 앉은 후에 치마 끝자락을 공수한 손으로 눌러준다. 이 손은 가운데 둘 수 있고 왼쪽이나 오른쪽에 두는 것도 좋다.
- 두 다리는 앞쪽 가운데 모아둔다. 다리를 옆으로 비스듬히 빼서 앉으면 다리가 길어 보일 수 있다.

그림 3_ 바르게 앉은 자세(정면)

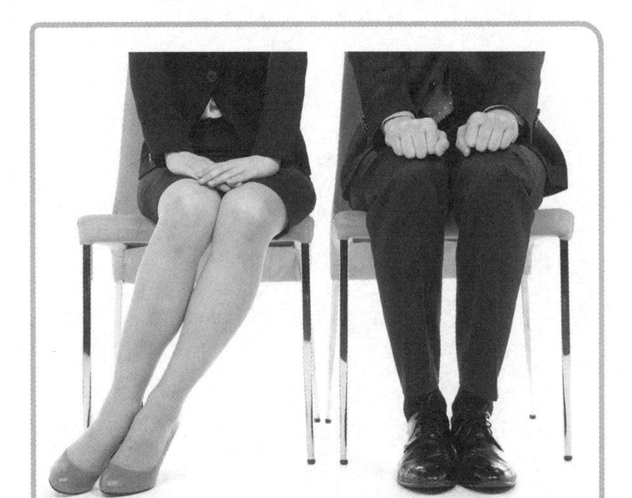

그림 4_ 바르게 앉은 자세(측면)

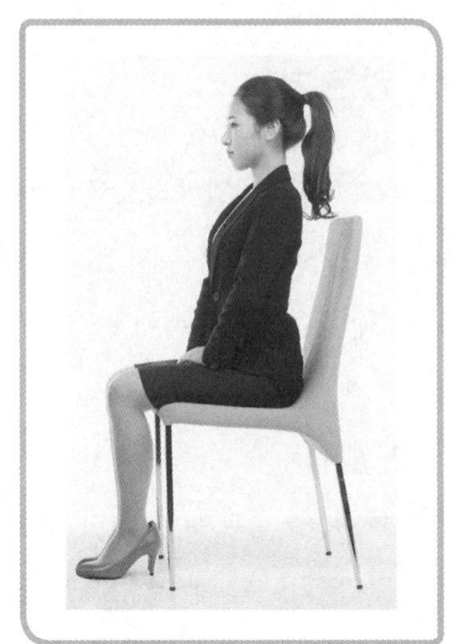

그림 5_ 바르게 앉는 자세(동작)

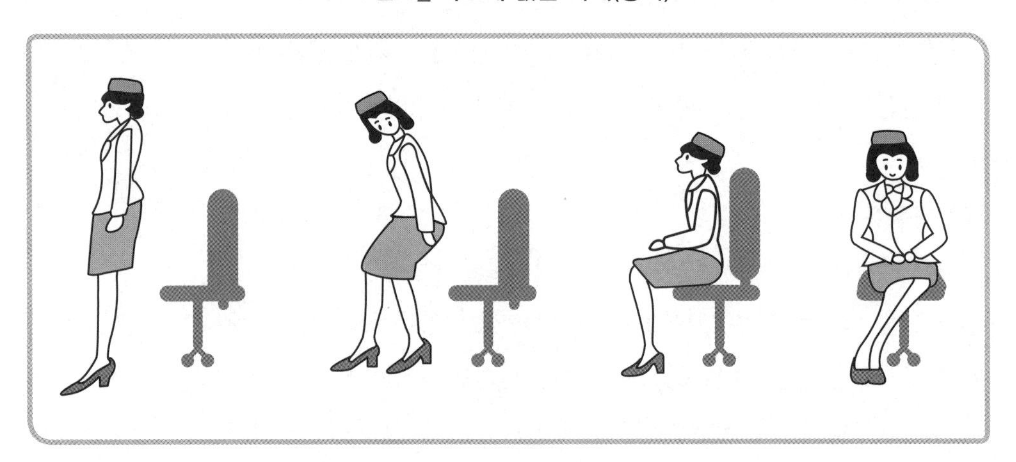

다. 걷는 자세

옷을 잘 차려 입고 용모가 깨끗해도 등이 구부정한 채 무릎까지 굽히고 뒤뚱뒤뚱, 종종, 터덜터덜 걷는 사람들을 보게 된다. 반면, 곧은 자세로 씩씩하고 활기차게 걷는 사람은 보는 사람으로 하여금 신뢰감을 느끼게 해준다. 걸음걸이는 그 사람의 품성과 교양을 나타낸다. 자신감 있고 매력적인 걸음걸이를 위해서는 평소의 연습이 필요하다.

- 상체를 곧게 유지하고 발끝은 평행이 되게 하여 다리 안쪽과 바깥쪽에 주의하면서 발바닥이 보이지 않도록 직선 위를 걷는 듯한 기분으로 걸으면 된다. 머리는 유연한 선을 그리면서 약간 쳐든 상태를 유지한다.
- 무릎을 굽힌다든지 반대로 너무 뻣뻣해지지 않도록 양 무릎을 스치듯 걷도록 주의한다. 걸을 때 팔을 크게 흔드는 것도 보기 좋지 않다.
- 어깨와 등을 곧게 펴고 턱을 당기고 시선은 정면을 향하고 자연스럽게 앞을 보며 걷는다. 배는 안으로 들이밀고, 엉덩이는 흔들지 않는다. 팔은 부드럽고 자연스럽게 동시에 움직이는 것이 바람직하다.
- 보폭은 자신의 어깨 넓이만큼 걷는 것이 보통이나, 굽이 높은 구두를 신었을 경우는 보폭을 줄인다.
- 걷는 방향이 직선이 되도록 한다.
- 걸을 때 시선은 바닥을 보지 않는다.

1) 올바르지 못한 걷는 자세

- 턱을 빼거나 고개를 숙이고 걷는다.
- 어깨를 굽히고 상체를 흔들며 걷는다.
- 주머니에 손을 넣고 걷는다.
- 배를 내밀고 걷는다.
- 팔자걸음, 안짱걸음을 걷는다.

2. 올바른 인사

✿ 인사란 말 그대로, '사람 인(人)'과 '섬길 사(事)'가 합쳐진 말로써, 사람이 마땅히 하여야 하는 일, 사람을 섬기는 일을 뜻한다. 따라서 인사란 '사람의 일의 시작이며 끝'이라고 할 수 있다. 또한 스스로를 낮추며 남을 높이는 인사를 통하여 '사람다운 사람'이 될 수 있다.

인사는 좋은 인간관계를 만드는 첫걸음이며, 사람을 사귀는 데 있어서 능동적인 작용을 하는 것이다. 그렇기 때문에 그 사람과 친해지려면 우선 인사를 주고받는 매너가 좋아야 한다. 즉 인사는 많은 예절 가운데서도 가장 기본이 되는 표현으로서 자신의 마음속에서 우러나오는 존경심과 반가움을 나타내는 형식의 하나이다.

우리나라에서는 예로부터 예의(禮義)를 중히 여겨왔기 때문에 인사를 잘하고 못하는 것으로 사람의 됨됨이를 가늠해 왔다. 인사는 받는 사람만의 기쁨이 아니라, 인사를 하는 사람도 기분 좋은 일이다. 러시아의 문호 톨스토이(Tolstoy)는 "어떠한 경우라도 인사하는 것은 부족하기보다 지나칠 정도로 하는 편이 좋다."고 하였다.

특히 인사는 마음속에서 우러나오는 감정이 겉으로 드러나는 형식이 복합되어 상대방에게 전달되기 때문에 인사할 때에는 내면의 친절·정성·감사의 마음을 담아 정중하면서도 밝고 상냥하게 표현해야 한다. 아울러 인사는 상대방에게 경의(敬意)를 전달하는 작은 의식이므로 형식을 제대로 갖추지 않는 인사는 오히려 결례요, 군더더기에 불과한 것이다. 따라서 인사할 때 의식 또한 매우 중요하다.

인사는 예절의 기본이며 인간관계의 시작으로 도덕과 윤리형성의 기본이 되고 있다. 상사에게는 존경심을, 동료 간에는 우애를, 고객에게는 신뢰의 상징이 된다. 인사는 상대방을 존중하고 배려하는 마음, 경의를 표하는 마음, 조직의 신뢰감과 원만한 인간관계 형성에 기여한다.

인사는 돈이 들지 않는 투자이다. 투자 가운데 가장 좋은 투자는 돈이 안 드는 투자이며, 사람에 대한 투자이고 동시에 인사는 가장 좋은 투자로서 상대방에게 나를 깊이 인식시킬 수 있는 것이다. 그러므로 인사는 자신과 상대를 위하는 마음으로 해야 하며 이를 습관화해야 한다.

가. 인사하는 자세

인사는 자신을 상대방에 알리는 첫 번째 단계로, 상대방에 대한 호의와 존경심, 친근함을 표현해 주는 마음가짐의 외적 표현양식이다. 적극적인 태도로 정중한 마음 자세를 가지고 상황에 맞는 인사말과 바른 자세로 신뢰감을 전달하고, 상대방의 마음을 열게 하여 원만한 인간관계 형성의 토대를 만들어가도록 한다.

① **표정** : 밝고 부드러운 미소

② **시선** : 인사 전후에는 상대방을 바라본다.

③ **고개** : 반듯하게 들고

④ **턱** : 턱은 내밀지 말고 자연스럽게 당긴다.

⑤ **어깨** : 힘을 뺀다.

⑥ **무릎, 등, 허리** : 자연스럽고 곧게 편다.

⑦ **입** : 조용히 다문다.

⑧ **손 자세**

- 남자 : 차렷 자세로 계란을 쥐듯 손을 가볍게 쥐고 바지 재봉선에 맞춰 내린다.
- 여자 : 오른손이 위로 오도록 양손을 모아 가볍게 잡고 오른손 엄지를 왼손 엄지와 인지 사이에 끼워 아랫배에 가볍게 댄다.

⑨ **발 자세** : 다리는 가지런히 하고 무릎을 구부리지 않는다.
발뒤꿈치를 붙이고 남자는 시계의 10시 10분 정도가 되게 벌리고 여자는 11시 5분을 나타낸 정도로 벌린다.
허리에서 머리까지 일직선이 되도록 자세를 취한다.

⑩ **마음** : 존경, 사랑, 감사

나. 인사하는 방법

인사에 대한 근본적인 의미는 첫째로 상대방에 대한 불안감을 없애주는 것이고, 둘째는 상대방에 대해 호의를 가지고 있다는 것을 보여주는 것이다. 또한 인사는 단순한 고갯짓이 아니라 상대방을 보았을 때 상황에 맞는 인사말과 스마일을 곁들여 바른 자세로 행해야만 한다.

1) 올바른 인사법

① **준비단계** : 밝은 표정으로 상대방의 눈을 바라보며 바르게 선다.
② **1단계** : 가슴과 등을 자연스럽게 곧게 펴고 허리부터 숙인다.
③ **2단계** : 숙인 상태에서 1초 정도 멈춰서 공손함을 더한다.
④ **3단계** : 상체를 천천히 일으켜 세운다.
⑤ **4단계** : 똑바로 서서 상대의 눈을 보며 미소와 함께 인사말을 전한다.

그림 6_ 올바른 인사법

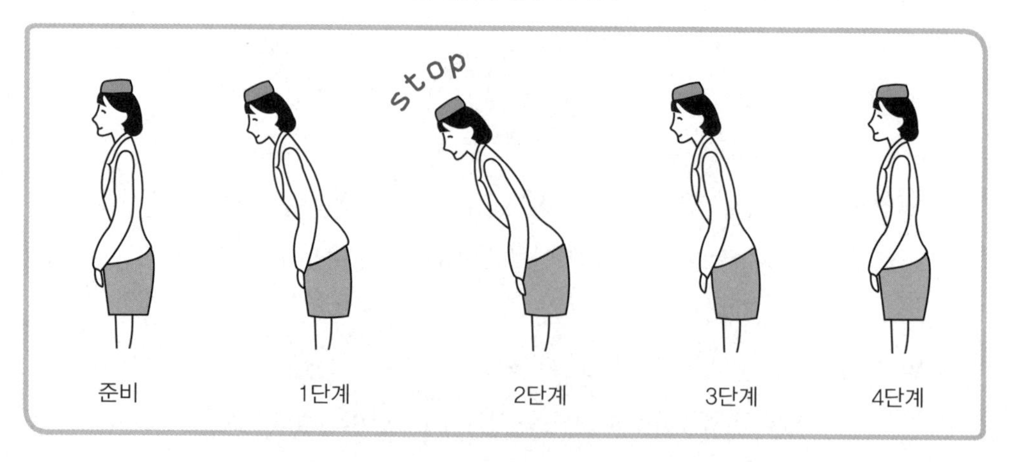

2) 상황에 따른 인사말

상황	인사말
자주 만나는 사람에게	"그동안 안녕하셨습니까?"
머뭇거리는 상대방에게	"무슨 일로 오셨습니까?" "무엇을 도와드릴까요?"
사과할 때	"정말 죄송합니다."
누군가에게 대답할 때	"네, 그렇습니다." "잘 알겠습니다."
누군가에게 반복해서 물을 때	"죄송합니다만, 다시 한번 말씀해 주시겠습니까?"
거절할 경우	"죄송합니다. 다음에 도와드리겠습니다."
무엇인가를 안내할 때	"이쪽으로 오시겠습니까?"
출근하면서	"안녕하십니까? + @"
근무 중 외출할 때	"~~~ 다녀오겠습니다."
먼저 퇴근할 때	"먼저 퇴근하겠습니다." "내일 뵙겠습니다."
외출해서 돌아왔을 때	"다녀왔습니다."
지나가다 부딪쳤을 때	"죄송합니다." "실례했습니다."

자료 : 서비스프로듀서의 고객감동 서비스&매너연출, 이준재·허윤정, 대왕사의 p. 111 내용을 재정리

3) 인사의 종류

인사의 종류에는 목례, 보통례, 정중례가 있다. 인사할 때의 상황과 상대에 맞는 적절한 인사말과 자세는 누구에게나 호감을 주게 된다. 각각의 상황에 맞는 인사법에 대해 살펴보자.

❶ 인사의 종류

구분	인사 각도	시선	소요 시간	상황
목례	15도	전방 3m 정도	3초	• 간단한 인사 • 동료나 친한 사람을 만났을 때 • 복도, 엘리베이터 안, 화장실과 같은 좁은 장소에서 상사를 만났을 때 • 상사가 주재하는 회의 · 면담 · 대화의 시작과 종료 시에 • 자주 대할 때 • 차 접대 시 • 짐을 들었을 때
보통례	30도	전방 2m 정도	5초	• 손님을 처음 맞이하거나 전송할 때 • 가장 기본이 되는 인사로 윗사람, 상사에게 공손하게 하는 인사 • 결재를 얻기 위해 상사의 집무실을 출입할 때
정중례	45도	전방 1m 정도	7초	• 감사의 뜻을 표할 때 • 잘못된 일에 대해 사과할 때

자료 : 기본매너와 이미지메이킹, 남혜원 · 전정희 · 전인순, 새로미의 p. 62 내용을 재정리

그림 7_ 인사의 종류에 따른 자세

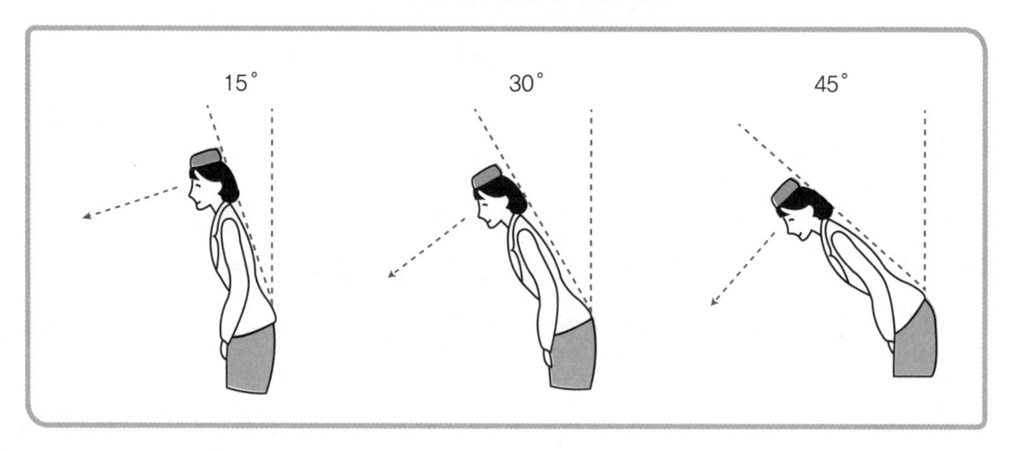

❷ 상황별 인사의 종류

상황에 맞는 적절한 인사말과 인사의 종류를 알아보자.

그림 8_ 상황별 인사의 종류와 인사말

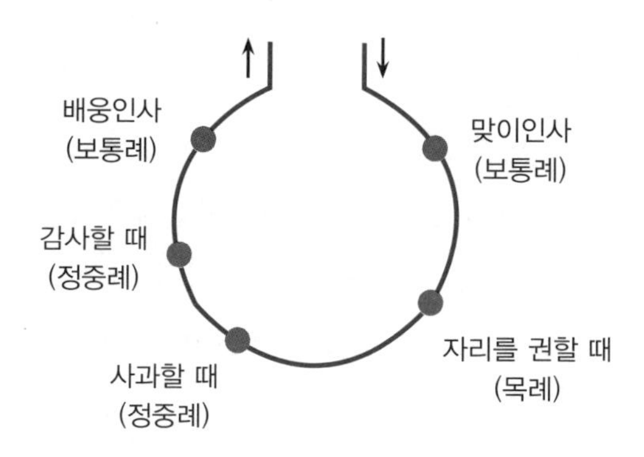

맞이인사(보통례)	고객을 맞이할 때 밝고 활기찬 목소리로 "안녕하십니까? 어서 오십시오."
자리를 권할 때(목례)	"OOO 고객님, 이쪽으로 앉으시겠습니까?" "제가 도와드리겠습니다. 잠시만 기다려주시겠습니까?"
감사 · 사과할 때(정중례)	업무처리가 지연되거나 업무착오가 발생했을 때, "죄송합니다." 감사함을 표현할 때, "감사합니다."
배웅인사(보통례)	고객을 배웅할 때, "찾아주셔서 감사합니다. 안녕히 가십시오."

자료 : 고객서비스입문, 박혜정·김남선, 백산출판사

4) 상황에 따른 인사

인사는 마음의 문을 여는 열쇠로서 상대방을 먼저 보는 사람이 하고, 윗사람이라 할지라도 받은 인사에 대해서는 반드시 답례를 해준다. 단, 장소에 따라 상황이 여의치 않은 곳에서는 인사를 하지 않는 것이 오히려 더 예의이다. 인사는 곧 상대방에 대한 배려이고 상대방을 위한 것이기 때문이다.

일상에서 행해지는 인사는 정지된 상태가 아닌 움직이는 상태에서 자연스럽게 이루어져야 한다. 상대방의 동작과 상황에 따라 적합한 인사를 하도록 하자.

❶ 걸을 때 인사

원거리에 위치할 때에는 가벼운 목례를 한 다음 가급적 가까운 거리에 다가서서 상대방과 눈을 마주치면서 정중하게 인사하는 것이 기본 예의이다.

❷ 계단에서의 인사

계단에서의 인사는 계단을 오르내리면서 상대방과 마주치면 가까운 계단의 위치에 이르렀을 때 인사를 한다. 계단을 올라갈 때에는 시선을 위로 하고, 내려갈 때에는 시선을 약간 아래로 향한다. 동료를 만났을 때에는 같은 위치의 계단에서 하며, 연장자와 만났을 때에는 두 계단 정도 아래 위치에서 서로 인사를 나눈다.

❸ 앉은 자세 인사

의자에 앉은 상태에서 인사를 해야 하는 경우에는 상체의 허리를 곧게 펴고, 상대의 눈을 보며 가볍게 목례를 한다.

표 1_ 인사 Checklist

구분	항상 그렇다 10점 / 때때로 그렇다 5점 / 전혀 그렇지 않다 0점	점수
1	아침에 "안녕하십니까"라고 가족이나 동료에게 밝게 말을 걸고 있습니까?	
2	가정에서 등하교(출퇴근) 시 안부 인사를 명랑하게 하고 있습니까?	
3	이웃분, 아는 분과 스쳐 지나갈 때, 미소 지으며 인사하거나 미소 띤 얼굴을 하고 있습니까?	
4	사람 사이를 지나갈 때 "실례하겠습니다"라고 말을 합니까?	
5	엘리베이터에서 내릴 때 다른 사람에게 "먼저 내리겠습니다"라고 말하고 있습니까?	
6	상대방에게 사소한 것이라도 도움을 받았을 때, "감사합니다"라고 곧 말할 수 있습니까?	
7	누군가와 대화하는 중에 휴대전화를 받을 때 "실례하겠습니다"라고 말하고 조용히 통화합니까?	
8	"변명할 여지가 없습니다", "죄송합니다"라고 솔직하게 말할 수 있습니까?	
9	누군가 불렀을 때, 상냥하게 "예"라고 대답할 수 있습니까?	
10	"잘 먹겠습니다", "잘 먹었습니다"가 습관화되어 있습니까?	
총 점		

자료 : 예절과 서비스, 김은희, 대왕사

5) 올바른 인사 Point

잘못된 인사	올바른 인사 5가지 Point
• 망설이다 하는 인사 • 고객만 까딱하는 인사 • 무표정한 인사 • 눈맞춤이 없는 인사 • 말로만 하는 인사 • 상대방의 차림새에 따라 차별하는 인사 • 마지못해 하는 인사	1. 인사는 내가 먼저 2. 표정은 밝게 3. 상대방의 시선을 바라보며 4. 밝은 목소리의 + @ 인사말 5. 인사를 잘 받는 것은 또 한 번의 인사

자료 : 서비스네비게이션, 김영훈·나현숙 엮음, 아카데미아의 p. 71 내용을 재정리

Service Power Story

지각했을 때 인사하기 난감해요

아무리 지각하지 않겠다고 다짐을 해도, 여러 가지 사정으로 지각은 할 수 있다. 문제는 지각한 후의 행동이다. 죄송하고 미안해서, 상사 얼굴을 똑바로 볼 용기가 없어서 슬그머니 자리에 앉아버리면 상황을 더 악화시킬 뿐이다.

지각했으면 "늦어서 죄송합니다" 하고 또박또박 사과 인사를 하라

얼굴이 빨개져서 어물쩡거리지 말고 상사에게 솔직하게 사유를 보고한다. 30분 이상 지각할 경우에는 상사에게 꼭 연락을 한다. 전화할 때는 먼저 사과하고 사유를 말해야 한다. 문자로 보내는 경우도 있는데 이는 윗사람에 대한 예의가 아니다. 사무실에 도착한 후에는 상사 앞에까지 가서 사유를 공손하고 분명하게 말한다. 이때 먼저 사과부터 해야지, 이유나 변명부터 하는 것 또한 예의가 아니다. "늦어서 죄송합니다" 하고 또박또박 정중하게 인사한다. 미안한 마음이 드러나는 것이 좋으나 옆사람이 들을까봐 창피해서 소곤소곤 얼버무리면 차라리 인사를 안 하는 게 낫다. 스스로 잘못했음을 깨닫고, 절대로 지각하지 않겠다고 결심하고 행동하면 된다. 자신감을 갖자.

『눈치코치 직장매너』 중에서

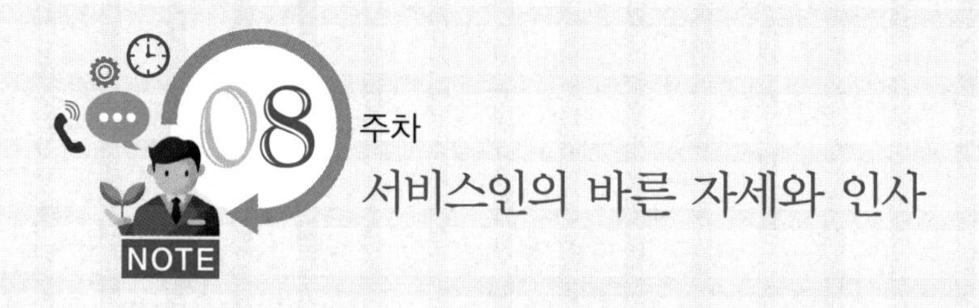

주차

서비스인의 바른 자세와 인사

효과적인 서비스 커뮤니케이션 스킬

1. 커뮤니케이션 유형을 분류하고 설명할 수 있다.
2. 서비스 커뮤니케이션을 이해하고 정확하게 사용할 수 있다.

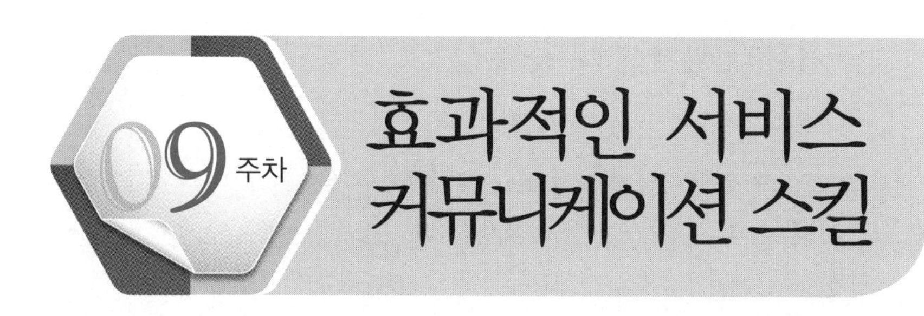

09주차 효과적인 서비스 커뮤니케이션 스킬

사람은 태어날 때부터 자신의 의사를 표현하면서 살아가고 있다. 그런데 태어날 때부터 대화를 하고 의사전달을 하기 때문에 당연한 것으로 생각하고 등한시하여 대화의 중요성을 의식하지 못하고 있다. 하지만 현대사회는 의사소통을 얼마나 잘하느냐에 따라 인간관계의 성패가 좌우된다고 해도 과언이 아니다. 따라서 원만한 인간관계를 형성하고 유지하려면 소통능력을 키워야 한다. 타인과 대화할 때는 타인의 마음을 읽고 이해하고 배려하는 정신이 필요하다. 말만이 아닌 행동과 함께 의사를 전달하는 방법에 익숙해져야겠다.

눈이 마음의 거울이라고 하듯이 말씨는 그 사람의 인격이라고 한다. 마음을 어떻게 가지느냐에 따라 말씨도 달라진다. 말씨는 본인의 마음의 표현으로서 상대방에게 그 마음이 전달되도록 바르게 표현하는 것이 목적이다. 이러한 모든 마음의 표현들은 상황에 맞는 대화를 통해서만 잘 전달할 수 있다. 마음을 표현하는 방법으로 바람직한 언어표현과 언어예절을 익혀 상대방에 대한 배려를 표현하고 상대방이 무엇을 원하는가를 경청하면서 말해야 좋은 대화를 할 수 있다.

1. 커뮤니케이션의 중요성

대인관계에서 자기를 표현하고 욕구를 충족하는 수단은 대화이다. 즉 커뮤니케이션을 통해 이루어지는 대인관계는 대개 관련된 사람들의 성격, 성장배경, 사회적 위치 등에 따라 나름대로의 일관성 있는 특징이 나타나므로 다양한 성향의 사람들 간의 의사소통은 매우 중요하다.

그렇다면 커뮤니케이션은 어디에서 유래되었는가? 이는 공동의 것으로 만든다는 라틴어 '코몬(common)', 그리고 공통·공유라는 라틴어 '코무니스(communis)'에서 유래되어 오늘날 커뮤니케이션이라는 말이 탄생하게 되었다. 커뮤니케이션의 사전적 정의를 살펴보면 사람들끼리 서로 생각, 느낌 따위의 정보를 주고받는 일. 말이나 글, 그 밖의 소리, 표정, 몸짓 따위로 이루어진다. '의사소통', '의사 전달'로 순화하여 사용할 수 있다. 예를 들어 직장에서 상사나 동료 혹은 부하와의 사이에 업무상 원활한 커뮤니케이션이 이루어져 상호 간에 공감하게 된다면 직장의 팀워크와 사기가 높아져 작업률이 향상될 것이다. 더불어 외부고객에게도 최상의 서비스를 제공할 수 있다. 또한 가족이나 친구들과의 원활한 의사소통은 폭넓은 인간관계를 맺게 하는 역할을 한다.

미국의 카네기재단에서 백만 달러를 투자해서 5년 동안 성공한 사람들 만 명을 기준으로 이 시대에 성공한 사람들의 비결을 조사했다. 조사 결과 이들 중 90% 정도의 사람들이 인간관계에서 성공한 것이 성공의 비결이라고 대답했다. 하버드 대학의 직업보도국에서는 실직한 사람들을 대상으로 실직한 이유에 대해 조사를 했다. 조사 결과, 업무적으로 무능해서라는 이유보다 인간관계가 나빠 조직에서 적응을 못해 실직한 사람의 수가 2배에 가까웠다.

이것은 인간관계가 얼마나 중요한가를 단적으로 보여주는 예이다. 인간관계를 맺을 때 서로 간의 감정을 표현하게 된다. 감정표현을 통해 인간관계를 시작하는데, 이때 가장 중요한 역할을 하는 것이 커뮤니케이션이라 할 수 있다. 효율적인 커뮤니케이션은 경쟁력이라 할 수 있다.

모든 인간관계의 기본 수단은 커뮤니케이션이며, 원만한 인간관계를 형성하고 유지하려면 원만한 커뮤니케이션 능력을 유지해야 한다. 원만한 커뮤니케이션 능력을 유지하기 위해서는 지속적인 노력이 필요하다. 타인의 마음을 상하게 하는 것이 무엇인지 이해하고, 유대를 강화하며, 상대방을 배려하는 정신이 필요하다. 서비스인은 고객에게 서비스를 응대하기 위해 커뮤니케이션 능력이 필요한 것이 아니다. 우리가 살아가는 시대, 현대사회는 커뮤니케이션을 잘하느냐 못하느냐에 따라 인간관계의 성패가 좌우되기 때문이다. 사회적 동물인 사람은 정상적인 인간관계를 통해서 인간관계가 좋을 때 삶의 가치를 느끼게 되고, 자신의 존재를 인정받음으로써 행복해진다. 앞으로는 커뮤니케이션 능력이 기본이 되는 인간관계의 균형을 맞출 수 있는 사람이 성공하는 시대가 될 것이다.

2. 커뮤니케이션의 유형

커뮤니케이션의 유형

- **언어적 커뮤니케이션** : 말로 하는 내용
- **비언어적 커뮤니케이션** : 표정, 목소리, 말투, 제스처 등 언어를 사용하지 않고 정보 전달

1) 언어적 커뮤니케이션

언어적 커뮤니케이션은 구어인 '말'이나 문어인 '글자'라는 상징을 사용하여 의사소통과 상호작용을 하는 커뮤니케이션을 말한다.

음성언어 즉 구두적 커뮤니케이션은 의미와 소리가 필수 요소이며, 여기에는 대화, 지시, 명령, 훈시, 회의 등이 있다. 구두적 커뮤니케이

션의 장점은 메시지를 주고받을 때 특별한 도구나 시간과 노력이 필요하지 않다는 용이성, 바로바로 이루어지게 되는 즉시성, 수신자와 송신자 서로 간에 오가는 쌍방 의사소통이 가능하며, 시간 요소가 적은 것이다. 본인의 생각을 즉각적으로 많이 표현할 수 있다. 반면에 단점으로는 기록이나 유지가 불가능하고 정확성이 부족한 것이다.

문자언어 즉 문서적 커뮤니케이션은 의미와 문자가 필수 요소이다. 전달내용이 중요하거나 기록으로 남아야 할 때에는 기록에 의한 방법을 선호한다. 기록에 의한 커뮤니케이션의 방법은 편지, 보고서, 메모, E-mail 등이 있다.

문서적 커뮤니케이션의 장점은 구두적 커뮤니케이션 수단의 한계를 극복할 수 있는 것인데, 정확성이 높고 기록 유지가 가능하다는 것이다. 그래서 중요한 사안일 경우에는 기록이 남기 때문에 구두적 커뮤니케이션보다 더 효과적일 경우가 있다. 그러나 메시지를 보내놓고 답을 받을 수 없는 경우도 발생할 수 있어 일방적인 의사소통이 될 수도 있다는 단점이 있다.

2) 비언어적 커뮤니케이션

비언어적 커뮤니케이션은 구두 혹은 문서화된 언어를 사용하지 않고 메시지를 전달하는 커뮤니케이션으로 사람들은 커뮤니케이션 시에 표정이나 제스처, 목소리 등으로 자신의 의식적·잠재의식적 감정이나 희망, 태도 등을 표현하며, 이것을 비언어적 커뮤니케이션이라고 한다. 여기에는 음성의 크기, 가구배치, 대기시간, 의상의 형태, 공간이나 시간, 거리형태 등도 포함될 수 있다.

비언어적 커뮤니케이션의 장점은 즉시적으로 상대방의 답변을 들을 수 있다는 것이다. 단점은 비언어적 표현이 상대방의 추측에 의해 오판될 수 있는 가능성이 있어 정확한 메시지를 전달하지 못하는 경우가 종종 발생한다는 것이다. 또한 기록이나 유지가 불가능하다는 것도 단점이다.

그림 1_ 커뮤니케이션 유형

커 뮤 니 케 이 션

언어적 커뮤니케이션 (말로 하는 내용)	비언어적 커뮤니케이션 (언어를 사용하지 않고 정보 전달)
	↓
1. 구두적 (대화, 지시, 명령, 훈시, 회의 등) 장점 : 용이성, 즉시적, 쌍방 의사소통 가능 단점 : 기록, 유지 불가능, 정확성 부족	표정, 자세, 외모, 제스처 (보디랭귀지) 장점 : 즉시적 단점 : 추측에 의한 오판 가능, 기록과 유지 불가능
2. 문서적 (보고서, 메모, 편지 등) 장점 : 정확성, 기록유지 가능, 구두적 의사소통 수단의 한계 극복 단점 : 일방적 의사소통	

자료 : 커뮤니케이션 예절, 박소연·김민수·박혜윤, 새로미

그림 2_ 긍정/부정의 비언어적 커뮤니케이션

긍정	부정
• 눈을 또렷하게 마주친다. • 손을 가지런히 놓는다. • 상대방 대화에 맞춰 움직인다. • 자주 미소를 짓는다. • 시선을 떼지 않는다. • 행복한 얼굴을 한다. • 이를 드러내고 활짝 웃는다. • 상대방을 마주 대하고 똑바로 앉는다. • 긍정적으로 고개를 끄덕인다. • 눈을 크게 뜬다. • 말하는 동안 손짓을 사용해 표현한다. • 짧은 눈맞춤을 한다. • 입을 오므린다. • 눈을 크게 뜬다. • 눈썹을 크게 뜬다.	• 차갑게 노려본다. • 가짜로 하품한다. • 손톱을 소제한다. • 조소한다. • 천장을 본다. • 찡그린다. • 입을 실룩이거나 삐죽인다. • 상대방과 마주하지 않고 비스듬히 앉는다. • 부정적으로 고개를 젓는다. • 줄담배를 핀다. • 손가락을 꺾는다. • 주위를 둘러본다. • 머리를 만지작거린다. • 삿대질을 한다. • 다른 곳으로 눈길을 돌린다.

자료 : 비즈니스 커뮤니케이션, 임창희·홍용기·채수경, 한올

3. 커뮤니케이션 스킬

가. 경어

언어예절은 크게 두 가지 요인을 고려할 수 있다. 첫째, 말하는 사람과 듣는 사람과의 관계이다. 관계에 따라 상대방을 부르는 호칭체계와 경어체계가 다르게 적용된다. 두 번째 요인은 대화가 이루어지는 상황이다. 어떠한 상황에서 대화가 이루어지는가에 따라 그에 적절한 언어예절이 있다. 단순한 인사 상황인가, 격식 있는 자리인가 등의 상황에 따라 지켜져야 하는 언어예절이 다르다.

외국인들이 한국말을 배울 때 가장 어려워하는 부분이 경어이다. 외국문화에서는 경어체계가 거의 발달되지 않아 경어체계가 문화의 일부이고 언어습관의 일부인 우리나라와는 차이가 있다. 우리말에 있어 경어 사용법은 매우 어렵지만 일상적인 대인관계에서뿐만 아니라 고객응대가 잦은 서비스기업에서도 매우 중요시되고 있다. 경어는 시대·지역·남녀·상황에 따라 여러 가지 형태로 사용되기 때문이다. 경어 사용에는 일반적으로 정해진 기준이 있으므로 그 기준에 따르지 않는다면 상대방은 듣기에 매우 불편하게 되고 때에 따라서는 상대를 모욕하는 결과가 되기도 한다.

일반적으로 경어를 사용해야 할 윗사람에게는 당연하지만, 친한 관계가 아닌 경우와 격식을 차릴 경우에 사용된다. 경어를 사용할 경우에는 자기보다 상급자, 사회적 지위가 높은 사람, 은혜를 베풀어 준 사람 등 언제나 듣는 사람과 말하는 사람과의 인간관계에서 구별되어 사용된다. 즉 상하관계·친분관계 등 사회적·심리적 거리감에 따라 경어의 사용은 달라져야 한다.

1) 경어의 종류

경어에는 상대방에 대한 존경의 표시로 사용하는 존경어, 자기 자신을 상대방에게 낮춰서 사용하는 겸양어, 상대방에게 정중한 느낌을 주기 위한 공손어의 3가지가 있다.

❶ 존경어

서비스에서 존경어는 말하는 고객, 즉 듣는 사람이나 화제에 등장하는 인물에 대한 경의를 나타내는 말로서 그 사람 자체에 대한 경우나 행동에 대해서 사용한다.

- ○○○ 선생님
- ○○○님
- ○○○ 여사
- 귀하, 귀사
- 어느 분
- "사장님 가십니다."
- "훌륭하신 말씀입니다."

❷ 겸양어

겸양어는 말하는 사람의 입장을 낮추고 고객이나 화제에 등장하는 사람에게 경의를 나타내는 말이다.

- 우리들
- 저희들
- 여쭙다, 뵙다, 드리다
- 전화드리겠습니다, 찾아뵙겠습니다.

❸ 공손어

공손어는 고객에게 공손한 마음을 표현할 때, 또는 말하는 사람의 자기 품위를 위하여 쓰는 경우를 말한다.

- 보고드립니다.
- 말씀해 주십시오.
- 안녕하십니까?

2) 경어 사용 시 주의점

잘못된 경어의 사용은 오히려 상대방의 기분을 나쁘게 할 수도 있음을 인지해야 한다. 경어를 사용할 때 특히 상대방을 대우하는 등급이 어떠한가에 따라서도 달라진다.

첫째, 사적인 대화 자리에서는 나이의 적고 많음에 따라서 높임말을 사용할지 예사말을 사용할지 구분하면 된다. 그러나 사적인 자리에서 예사말을 사용하더라도 공식적인 자리에서 말할 때는 높임말을 사용하는 것이 좋다.

둘째, 개인적인 말과 집단적인 말의 구분이다. 개인적인 대화에서는 서로의 관계에 따라서 말의 높고 낮음을 선택하며 집단을 상대로 말하는 경우에는 높임말을 사용하는 것이 좋다. 가령 교수가 학생들을 상대로 말을 할 때에도 높임말을 사용하는 것이 교육적인 의미가 있다. 집단이 개인보다 앞서기 때문이다.

셋째, 연령과 지위관계를 고려한다. 나이가 적은 사람이 연장자에게 높임말을 쓰는 것은 당연하다. 그렇다고 무조건 연장자가 나이 어린 사람에게 낮춤말을 사용해도 안 된다. 비록 나이가 적더라도 상황에 맞게 높임말을 사용해야 한다.

넷째, 경어의 기준은 상대에게 기준을 둔다. 대화 중 제삼자에 대한 경어 사용은 말하는 사람과의 관계와는 상관없는 듣는 사람과의 관계를 기준으로 한다. 예를 들어 자기 회사의 상사인 과장에 대해 다른 회사의 부장에게 말할 때 "저희 과장님이 먼저 드시라고 하셨습니다."가 아니라, "저희 과장님이 먼저 드시라고 했습니다."라고 해야 한다.

나. 호칭

호칭이란 사람을 직접 부르는 말이며, 지칭이란 사람을 다른 사람에게 말할 때 가리키는 말이다. 호칭은 상대방을 부르는 것으로 대화의 시작이며, 첫인상에 큰 영향을 주므로 정확하게 사용해야 한다. 호칭에 대한 문제는 상호 간에 서로 터놓고 협의할 수 있는 문제가 아니라 상대방이 알아서 잘 불러주겠거니 하는 막연한 기대감을 갖고 있기 때문에 오해를 낳을 수가 있다. 우리나라는 직함을 더 선호하나 서양에서는 이름을 선호하는 등 나라마다 조금씩 차이가 있으므로 주의해야 한다. 호칭은 상대에 따라 다르고, 같은 사람이라도 누구에게 그 사람을 말하느냐에 따라 달라진다. 또한 지방과 집안에 따라서 다르게 쓰일 수도 있으니 올바른 호칭법을 알아두어야 한다.

1) 가정에서 호칭

흔히들 자기 부모를 부를 때 '아버님, 어머님'과 같이 '–님'자를 붙여 높이는 경우가 있다. 하지만 이는 존대가 지나쳐 잘못 사용한 것이다. 살아 계신 부모님에게는 '–님'자를 안 붙인다.

편지글을 제외하고는 살아 계신 자기 부모를 호칭하거나 지칭할 때 '–님'자를 붙이지 않는 것이 표준화법이다. 그러므로 위의 경우엔 '아버지, 어머니'로 써야 한다. 한편, 남의 부모를 높여 이르거나 돌아가신 자기 부모를 지칭할 때, 그리고 며느리나 사위가 시부모나 처부모를 부를 때는 '아버님, 어머님'을 써야 한다.

우리말에는 한 사람을 두고 여러 이름(호칭, 지칭)으로 부르는 전통이 있다. 또한 어른의 함자를 함부로 부르지 못하는 것은 유교의 영향을 받았기 때문일 것이다.

아버지의 함자가 '홍길동'일 경우 "홍, 길 자, 동 자를 쓰십니다." 또는 "아버지 함자는 홍, 길 자, 동 자입니다."라고 말하는 것이 옳다. 이 경우 흔히 성(姓)에도 '자'자를 붙여 '홍 자, 길 자, 동 자'와 같이 말하기도 하는데, 이는 잘못된 표현이다.

표 1_ 그 밖에 가족과 관계된 호칭

구분	호칭
친구의 아내	아주머니, ○○○ 씨, ○○ 어머니, 부인, ○ 여사, ○ 과장 부인
친구의 남편	○○○ 아버지, ○○○ 씨, ○ 과장님, ○ 선생님
남편의 친구	○○○ 씨, ○○○ 아버지, ○ 과장님, ○(○○○) 선생님
아내의 친구	○○○ 어머니, ○○○ 씨, ○ 여사(님), ○ 선생님
친구의 아버지	○○ 아버님, 어르신, ○○ 할아버지
친구의 어머니	○○ 어머니, 아주머니, ○○ 할머니
아버지의 친구	어르신, (지역이름) 아저씨, 선생님
어머니의 친구	○○ 어머니, (지역이름) 아주머니

자료 : 커뮤니케이션 예절, 박소연·김민수·박혜윤, 새로미

2) 직장에서 호칭

회사에 입사해서 나이나 입사 시기가 비슷한 선배에게 자신은 친근감의 표현으로 '언니'라는 표현을 썼으나, 상대방은 공적인 장소에서 사적인 호칭으로 불리는 것이 불쾌하게 들릴 수도 있으므로 아무리 가까워도 '선배님'이라고 불리는 것이 좋다고 생각하는 경우가 있다.

직장은 생계의 터전이 되고 사람들은 그 직장에서 동료들과 가족보다 더 많은 시간을 함께 보낸다. 그런 까닭에 직장에서 이루어지는 인간관계, 주고받는 말 한마디가 그 사람의 희로애락에 직접적인 영향을 끼친다.

직장에서의 화법은 대개 동료, 상하 간의 호칭·지칭어 문제와 상급자 앞에서 차상급자를 높여야 하는가, 낮춰야 하는가가 가장 큰 문제이다. 가정에서는 할아버지가 아버지보다 한 세대 위로서 한 등급 위인 다른 세계에 있지만, 직장은 다르다.

예를 들어 평사원–과장–부장은 위아래의 직급 차이가 있기는 하지만 같은 직장이라는 한 세계 안에 있을 뿐, 아들–아버지–할아버지처럼 서로 다른 등급의 세계로 나뉘는 것은 아니다. 이 점에서 직장과 가정의 언어예절에 차이가 생기게 된다.

❶ 상급자에 대한 호칭

- 직접 대면할 때에는 성과 직위에 '○○○님'자를 붙인다. 성명을 모르면 직위에만 '○○님'자를 붙인다.
- 상사에게 자신을 호칭할 때에는 '저' 또는 성과 직위(직명)을 사용한다.(예 김 실장입니다.)

❷ 하급자 또는 동급자에 대한 호칭

- 하급자나 동료에게는 성과 직위 또는 직함으로 칭한다.
  (예 이 과장, ○○○씨)
- 초면이거나 선임자일 때에는 '님'자를 붙인다.
- 자신을 칭할 때에는 '나'라고 한다.
- 부하라도 연장자일 때에는 적절한 예우가 필요하다.

❸ 차상급자에게 상급자의 호칭

차상급자에게 상급자의 지시나 결과를 보고할 때 직책이나 직위만을 사용하는 것이 원칙이다. 하지만 다음의 예에서처럼 현대적인 표현이 가장 바르다. 이사 앞에서 과장이 부장의 지시를 보고할 때 다음과 같이 말한다.

- 틀림 : "부장님께서 지시하신 일이 있습니다."
- 바름(근대형) : "부장이 지시한 일이 있습니다."
- 가장 바름(현대형) : "부장님이 지시한 일이 있습니다."

❹ '선생'의 바른 사용

- 존경할 만한 사람이나 처음 만나는 사람, 나이 차가 많은 연장자에게는 '선생님'이란 호칭을 쓴다.
- 동년배나 연하, 연상의 하급자에게는 '선생'이 무난하다.

❺ '나', '저', '저희'

- 연하라도 상관일 경우 공식석상에서는 '저'라고 칭한다.

- 조직체의 장인 경우 공식행사나 회의 때는 '저'라는 호칭을 사용한다.
- 다른 회사에 대해서 자신이 속한 회사를 칭할 때는 '저희 회사'가 맞다.

❻ 남자직원이 여직원을 부를 때

- '○○○씨'로 부르는 것이 좋다. 후배 여직원을 부를 때에도 '○○○씨', 직위가 있을 경우에는 성에 직위를 붙여 부른다.
- 후배 남자직원이 선배 여직원을 부를 때는 '선배님'이라는 호칭을 쓴다. 직위가 있으면 직위로 부른다.

표 2_ 직장의 호칭어

구분	직함	호칭어, 지칭어
동료들	직함 없음	○○○(○○) 씨, 선생님, ○○○ 선배, ○○ 언니, ○○형
	직함 있음	○ 과장
상사들	직함 없음	선생님, ○ 선생님, ○○○(○) 선배님
	직함 있음	부장님, ○(○○○) 부장님
아래직원	직함 없음	○○○ 씨, ○ 군, ○ 양
	직함 있음	○ 군, ○○○ 씨, ○ 선생님

자료 : 서비스리더십과 커뮤니케이션, 박소연·변풍식·유은경, 한올의 p. 79 내용을 재구성

3) 일반적인 호칭 사용법

❶ '씨'의 바른 사용

- 동년배 또는 나이차가 위아래로 10년을 넘지 않을 때 쓴다.
- 나이가 10세 이상 많을 때에는 '○○○ 선생님'이라는 호칭을 쓴다.

❷ '형'의 바른 사용

- 위아래로 5세 범위 내에서만 사용한다.
- 다른 사람 앞에서 3인칭으로 쓸 때에는 성에 이름까지 붙여서 말한다. 연상의 하급자를 부를 때 사용할 수도 있다.

표 3_ 우리나라에서 사용되는 이상적인 호칭과 경칭

상대방의 지위	상황	바른 호칭과 경칭
선임자, 연장자, 초면	직접 대면할 때	성과 직위 + '님'(예 김 실장님, 최 부장님)
	이름을 모를 때	직위만 붙인다(예 실장님, 부장님)
	자신을 칭할 때	'저' 또는 자신의 성과 직위 (예 이 과장입니다.)
하급자나 동료직원	직접 대면할 때 초면이거나 선임자일 때	성과 직위 또는 직함(예 박 대리, ○○○ 씨) '님'자를 붙인다
본인의 상사보다 더 높은 자, 외부 인사 혹은 윗 항렬 친족	간접적인 보고를 할 때	'님'자를 빼고 직책이나 직위만 사용 (예 장 실장께서…)
연하라도 상관일 경우	본인을 칭할 때	'저'
다른 회사	자신이 속한 회사를 부를 때	'저희 회사'

자료 : 글로벌매너 완전정복, 오흥철·함성필·Dury Chung·곽병휴·윤승자·유나연·박소영, 학현사

4) 고객의 입장을 고려한 올바른 호칭의 사용

고객을 부를 때 원칙적으로 이름을 불러서는 안 되며, 고객의 입장을 고려한 올바른 호칭을 사용하도록 한다. 호칭 한마디가 고객의 마음을 돌릴 수 있다.

표 4_ 고객의 입장을 고려한 적절한 호칭의 사용

대상인사	호칭
사모님	본래 '스승의 아내'에게 사용하였지만 오늘날 부인의 존칭으로 변한 것으로 특별한 고객에게 서비스를 제공할 경우에 사용한다. 아줌마, 아저씨 호칭은 사용하지 않는다.
선생님	『논어(論語)』에서는 부형(父兄)을 뜻하고, 『예기(禮記)』에서는 노인이나 스승을, 고려시대에는 과거에 급제한 선비에게 붙였다. 근래에는 연장자에 대한 공손한 경칭으로 정착되어 30대 이상의 고객에게 무리 없이 사용할 수 있다.
사장님, 부장님	상대를 비교적 잘 아는 경우에는 선생님, 손님보다는 직함을 불러주는 것이 훨씬 부드럽고 친근감을 줄 수 있다. 호칭에서 중요한 것은 고객이 듣고 싶어 하는 것을 들려주는 것이다.
어르신	남의 아버지나 나이 많은 사람에 대한 경칭으로 사용한다.

대상인사	호칭
초등학생, 미취학 어린이	"○○○ 어린이/학생"의 호칭을 사용한다. 잘 아는 사람이라면 이름을 불러 친근감을 줄 수 있으나 처음부터 반말 사용은 피한다. 필요시 "○○○ 고객님"으로 성인에게 준하여 호칭하는 경우도 있다.
고객님, 손님	고객을 따뜻하게 맞이하겠다는 마음이 그 말 속에 녹아 있다면 "고객님", "손님"은 가장 적절한 호칭이 될 것이다.
○○○님	고객의 이름을 기억해 호칭한다면 고객은 아주 특별한 느낌을 받는다. 최근 어느 장소에서나 고객을 호칭할 때 이름에 '님'을 붙여 친근하게 사용하는데, 고객을 존중하는 친근한 느낌을 준다.

자료 : 고객서비스실무, 박혜정, 백산출판사

5) 실수하기 쉬운 호칭

① 상사에 대한 존칭은 호칭에만 붙인다.(예 사장님실 → 사장실)

② 본인이 참석한 자리에서 그 지시를 전달할 때에는 '님'을 붙인다.(예 상무님, 지시사항을 말씀드리겠습니다.)

③ 문서에는 상관에 대한 존칭을 생략한다.(예 김 부장님 제안 → 김 부장 제안)

다. 서비스 커뮤니케이션

서비스인들이 많은 감정노동에 시달리다 보면, 자신을 방어하는 자세가 강해지고 고객의 입장보다는 자신의 입장만을 고수하게 될 가능성이 높다. 이렇게 되지 않으려면 매 순간 고객의 입장이 되어 감정을 느끼고 생각해 보아야 한다. '역지사지(易地思之)'는 『맹자(孟子)』의 「이루(離婁)」에 나오는 "역지즉개연(易地則皆然)"에서 유래된 말로 상대편의 처지나 입장에서 먼저 생각해 보고 이해하라는 뜻이다. 역지사지를 하면 고객의 입장에서 서비스를 제공하게 되어 고객감동 서비스 실현이 가능하고, 예기치 않은 문제가 발생할 경우에도 해결이 용이하다.

서비스 커뮤니케이션에서 말하기는 글보다 더 직접적이며, 효율성과 즉시성을 가질 수 있다는 장점이 있다. 서비스인의 커뮤니케이션 스킬이 얼마나 중요한지 알아보자.

서비스 커뮤니케이션 스킬

- 명령형을 의뢰형으로
- 부정형을 긍정형으로
- 쿠션언어
- YES의 미학
- Yes/But 화법
- 눈높이 대화법

1) 명령형을 의뢰형으로

고객과의 사이에서나 동료들 사이에서 무심코 명령조로 얘기하는 경우가 많다. 반드시 내가 상대방을 마음대로 조정하는 것이 아니라, 내 부탁을 듣고 상대방이 스스로 결정해서 따라올 수 있도록 의뢰형으로 표현해야 한다.

고객에게 부탁의 말을 할 때 "~요"로 끝나는 말을 사용하게 되면 본인의 의도와는 다르게 상대방에게는 명령조의 말로 들릴 수 있다. 그러므로 완전하게 말을 높여주는 의뢰형의 말을 사용해야 한다. "~요"로 끝나는 말은 완전 높임말이 아니라 반토막말이다.

의뢰형의 말을 할 때는 "~니다.", "~니까?"로 끝나는 완전 높임말을 사용해야 보다 정중하게 상대방의 마음을 움직일 수 있다. 그러나 완전히 100% "~니다.", "~니까?"체로 말을 하다 보면 대화의 분위기가 딱딱해진다. 그러므로 친근하면서도 정중한 느낌으로 말을 하기 위해서는 요조체와 완전 높임말을 3대 7정도로 섞어서 사용해 주는 것이 좋다. 그런데 상대방과 친분이 있는 가까운 사이라면 6대 4, 또 본인과 나이가 같다면 5대 5 정도의 비율로 사용할 수 있다.

표 5_ 의뢰형 화법 실습

명령형	의뢰형
없습니다.(사람)	
누굽니까?	
지금 자리에 없습니다.	
네, 뭐라고요?	
또 와주세요.	
알았어요.	
모르겠는데요.	
미안해요.	
없습니다.(물건)	
어디서 왔어요?	
이름이 뭐예요?	
전화주세요.	
다시 한 번 와보세요.	
곧 올 겁니다.	
그쪽 회사	
같이 온 사람	
누굴 찾으세요?	
무슨 용건입니까?	
잠깐만요.	
저 사람(누구)	
그건 안 됩니다. 그건 곤란합니다.	
지금 바빠서 안 됩니다.	
그건 제가 잘 모르는 일입니다.	

자료 : 서비스네비게이션, 김영훈·나현숙, 아카데미아의 p. 128 내용을 재구성

2) 부정형을 긍정형으로

"틀렸어요.", "안돼요.", "싫어요." 등의 표현으로 상대방이 낸 의견이나 이야기를 부정하기 쉽다. 그러나 이러한 부정적 표현은 상대방의 자존심을 상하게 하여 불쾌감을 느끼게 한다.

이렇게 되면 사람은 그때까지 잠재적으로 가지고 있던 '친하게 지내고 싶다'는 친밀감이 어디론가 사라져버리고, 태도는 굳어지는 것이다. 그 후에는 어떤 말을 하더라도 결코 마음의 문을 열고 받아들이려 하지 않게 된다. 이성으로 이해하지만, 감정이 반발하기 때문이다. '틀렸는데…' 하는 부정적인 표현을 제일 먼저 나타낸다면 본론에 들어가지도 않고 감정을 먼저 자극해 버린다. 상대방에게는 말의 내용이 아니라 부정된 자기의 가치가 문제인 것이다.

고객의 요구나 문의사항에 대해서도 무조건 반사적으로 부정적인 반응을 보이기보다는 최대한 완곡한 표현으로 긍정적인 말을 사용하여 상대방을 설득시킬 수 있어야 한다. 노력해 보지도 않고 부정적인 말을 즉각적이고 반사적으로 내뱉기 때문에 감정이 상하게 된다. 노력해 보고 알아본 다음에 처한 상황을 설명하면서 "어렵습니다." 정도로 설명해 주면 결과에서 얻어지는 실망감이나 불쾌감이 상대적으로 줄어들게 된다. 왜 어려운지 완곡하게 그 이유를 들어 설득시켜야 한다. 즉 사람의 성향이나 어떤 행동을 부정적으로 말하지 않고 긍정적으로 생각하고 고객에게 전달하는 것은 서비스인에게 매우 필요한 습관이다.

표 6_ 긍정적인 느낌의 말과 부정적인 느낌의 말

긍정적인 느낌 목록	부정적인 느낌 목록	느낌이 아닌 생각이나 평가들
감동받은, 뭉클한, 감격스런, 벅찬, 환희에 찬, 황홀한, 충만한, 고마운, 감사한, 즐거운, 유쾌한, 통쾌한, 흔쾌한, 기쁜, 반가운, 행복한, 따뜻한, 감미로운, 포근한, 푸근한, 사랑하는, 훈훈한, 정겨운, 정을 느끼는, 친근한, 뿌듯한, 산뜻한, 만족스런, 상쾌한, 흡족한, 개운한, 후련한, 든든한, 흐뭇한, 친밀한, 홀가분한, 편안한, 느긋한, 담담한, 긴장이 풀리는, 안심이 되는, 차분한, 긴장이 풀리는, 가벼운, 평화로운, 누그러지는, 고요한, 여유로운, 진정되는, 잠잠해진, 평온한, 흥미로운, 매혹적인, 재미있는, 끌리는, 활기찬, 짜릿한, 신나는, 용기 나는, 기력이 넘치는, 기운이 나는, 당당한, 살아 있는, 생기가 도는, 원기가 왕성한, 자신감 있는, 힘이 솟는, 흥분된, 두근거리는, 기대에 부푼, 들뜬, 희망에 찬, 기분이 들뜬	걱정되는, 까마득한, 암담한, 염려되는, 근심하는, 신경 쓰이는, 뒤숭숭한, 지친, 무서운, 섬뜩한, 오싹한, 진땀나는, 간담이 서늘해지는, 겁나는, 두려운, 긴장한, 주눅 든, 불안한, 조바심 나는, 떨리는, 안절부절못하는, 조마조마한, 초조한, 불편한, 거북한, 겸연쩍은, 곤혹스러운, 멋쩍은, 쑥스러운, 언짢은, 괴로운, 난처한, 답답한, 갑갑한, 서먹한, 어색한, 찝찝한, 슬픈, 구슬픈, 그리운, 목이 메는, 서글픈, 서러운, 쓰라린, 애끓는, 울적한, 참담한, 처참한, 한스러운, 비참한, 안타까운, 처연한, 서운한, 김빠진, 애석한, 힘든, 야속한, 낙담한, 냉담한, 섭섭한, 질린, 외로운, 고독한, 공허한, 허전한, 허탈한, 막막한, 쓸쓸한, 허한, 우울한, 무력한, 무기력한, 침울한, 꿀꿀한, 피곤한, 고단한, 노곤한, 따분한, 놀란, 맥 빠진, 귀찮은, 지겨운, 절망스러운, 좌절한, 무료한, 성가신, 심심한, 혐오스런, 밥맛 떨어지는, 정떨어지는, 혼란스러운, 멍한, 창피한, 민망한, 당혹스런, 부끄러운, 화나는, 분개한, 끓어오르는, 속상한, 약 오르는, 분한, 울화가 치미는, 억울한, 열 받는	강요당한, 거절당한, 공격당한, 궁지에 몰린, 따돌림당하는, 배신당한, 버림받은, 오해받은, 위협당하는, 의심받은, 무시당한, 이용당하는, 인정받지 못하는, 조종당하는, 학대받은, 협박당하는

자료 : 비폭력대화, 마셜 B·로젠버그 저, 캐서린 한 옮김, 바오출판사

표 7_ 정중한 화법 실습

잘못된 표현	올바른 표현
과장님! 이것 좀 봐주세요.	• • •
그런 내용은 본사로 전화하세요.	• • •
공문 다 보셨으면 보내주세요.	• • •
금액 확인하세요.	• • •
그렇습니까? 난 그런 줄 몰랐습니다.	• • •

자료 : 서비스매너, 장순자, 백산출판사의 p. 185 내용을 재구성

3) 쿠션언어

상대방이 원하는 것을 들어주지 못하거나 상대방에게 부탁해야 할 경우에는 다음과 같은 표현을 사용해야 언짢아지는 기분을 최소화할 수 있다. 이러한 표현을 쿠션언어라고 한다. 의자에 철썩 떨어지듯 주저앉으면 엉덩이나 허리에 큰 충격을 줄 수 있다. 그런데 이 의자 위에 푹신한 쿠션을 하나 두고 앉으면 그 충격을 완화시킬 수 있다. 고객과의 대화에서 이러한 충격을 줄일 수 있는 효과를 주는 것이 바로 쿠션언어이다. 상대방의 기분을 상하지 않게 하면서 자연스럽게 마술처럼 상대방을 설득시킬 수 있다는 의미에서 매직워드(magic words)라고도 한다.

상대방의 마음을 움직이는 것은 바로 표현하는 방법에 달려 있다. 반감을 일으키지 않도록 말하는 청각적인 분위기와 웃음을 보여주는 시각적인 효과가 훨씬 더 호소력 있는 것이다. 쿠션언어는 비록 한마

디의 말에 불과하지만 이 한마디에 따른 느낌의 차이는 굉장히 크다는 것을 기억하고 습관화할 필요가 있다.

표 8_ 쿠션언어의 종류

쿠션언어	활용 문장
바쁘시겠지만	
실례합니다만	
공교롭게도	
번거로우시겠지만	
괜찮으시다면	
불편하시겠지만	
가능하시다면	
미안합니다만	
힘드시겠지만	
양해해 주신다면	
이해해 주신다면	
죄송합니다만	

자료 : 지교수의 행동하는 매너 메이킹하는 이미지, 지희진, 한올의 p. 52 내용을 재구성

4) YES의 미학

상대방에 대한 긍정적인 태도를 보여주는 말에 "예/네"라는 한마디를 더 붙이면 친절함을 더 잘 전달할 수 있다.

그림 3_ YES의 미학

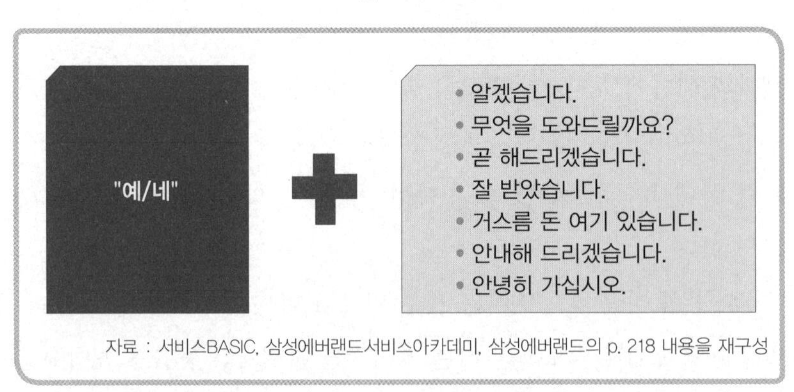

자료 : 서비스BASIC, 삼성에버랜드서비스아카데미, 삼성에버랜드의 p. 218 내용을 재구성

5) Yes/But 화법

Yes/But 화법은 고객님의 말에 일단은 인정하고 그 다음 반론이나 차이를 설명하거나 제시하는 화법이다. 일단 고객의 말에 긍정적으로 답하기 때문에 고객과의 적대감을 줄일 수 있다. 예를 들어 "그것은 틀렸습니다", "그러면 안 됩니다"라고 말하는 것보다 "고객님 말씀도 일리는 있지만, 저의 의견은 조금 다릅니다.", "네, 그러시군요. 그러나 그 말씀에도 일리가 있다고 생각합니다만, 제 생각은 이렇습니다." 라고 말하는 것이 좋다.

표 9_ Yes/But 화법

그건 안 됩니다.	~는 어렵지만 ~는 가능합니다.
~하고 있었어요, 잠시만요.	급히 처리 중입니다. 잠시만 기다려주시겠습니까?
제 담당이 아닙니다.	그 일은 ○○○가 담당입니다. 제가 연결해 드리겠습니다.
알아는 보겠습니다.	죄송하지만, 해당부서로 확인 후 연락드려도 괜찮으시겠습니까?

자료 : 지교수의 행동하는 매너 메이킹하는 이미지, 지희진, 한올

6) 눈높이 대화법

고객과의 서비스 커뮤니케이션은 듣는 사람의 수준과 연령, 지식의 정도에 따라 달라져야 한다. 예를 들어 고객이 기업의 서비스 상품에 대한 정보가 구체적이지 못하거나 부족할 때, 혹은 서비스 기업에 대한 정보가 전혀 없을 때에는 고객이 이해하기 쉽도록 쉬운 단어로 설명해 주는 것이 올바른 의사소통방법이다. 하지만 고객이 기업의 서비스 상품에 대한 정보가 풍부하고 서비스 기업에 대한 전문적인 정보를 알고 있을 때는 고객과의 수준에 맞게 고객과 의사소통하는 것이 옳다. 서비스인의 일방적인 의사전달은 고객을 존중해 주지 못하는 커뮤니케이션이 될 확률이 높다. 따라서 고객의 연령과 성별, 서비스 기업에 대한 지식의 정도 등에 따라 고객의 눈높이 맞추어 커뮤니케이션하는 것이 효과적인 방법이다.

표 10_ 서비스 커뮤니케이션의 7C 원칙

Completeness (완전하게)	• 상대방의 모든 질문에 답변할 수 있어야 한다. • 예상외의 질문에도 답변할 수 있어야 한다.
Conciseness (간결하게)	• 진부한 표현은 삼가라. • 불필요한 반복과 장황한 표현은 삼가라. • 관련 사실에 입각해서 말해라. • 효과적으로 표현하라.
Consideration (상대에 대한 배려)	• '제가', '우리' 대신에 'you'에 초점을 맞추어라. • 듣는 사람의 장점과 흥미를 생각하라. • 긍정적이고 유쾌한 어조로 말하라.
Clarity (명확하게)	• 짧고 친숙한 대화체로 말하라. • 이해하기 쉬운 언어를 사용하라. • 실사례를 적절히 사용하라.
Concreteness (구체적으로)	• 구체적인 사실과 숫자를 이용하라. • 생생한 이미지나 상황을 묘사할 수 있는 언어를 사용하라.
Courtesy (정중하게)	• 재치 있고 사려 깊은 마음으로 상대를 생각하고 표현하라. • 상대방을 자극하거나 상처 주는 표현을 삼가라. • 솔직하게 수용하고 기분 좋게 사과하라.
Correctness (정확하게)	• 상대방의 수준에 맞는 정확한 언어를 사용하라. • 정확한 근거와 사실, 단어, 숫자만 포함시켜라. • 남녀차별하지 않는 표현을 사용하라.

자료 : 성공적인 비즈니스 커뮤니케이션, 강인호·김영규·홍경완·박미옥, 새로미

그림 4_ 고객응대 공통 화법

- 안녕하세요.
- 감사합니다.
- 죄송합니다.
- 기다리게 해서 죄송합니다.
- 안녕히 가십시오.
- 어서 오십시오.
- 알겠습니다.
- 잠시만 기다려주십시오.
- 네, 그렇습니다.
- 또 오십시오.

자료 : 서비스프로듀서의 고객감동서비스&매너연출, 이준재·허윤정, 대왕사

표 11_ 효과적인 커뮤니케이션 실습

구분	응대내용
기본 인사말	• 안녕하십니까? ○○○입니다. • 반갑습니다. ○○○입니다.
긍정적일 때	• 네~ 잘 알겠습니다. • 네, 그렇습니다. • 네, 저도 그렇게 생각합니다. • 네, 즉각 처리토록 하겠습니다.
부정적일 때	• 네~ 그렇게 생각을 하셨군요. • 죄송합니다만, 저는 이렇게 말씀드리고자 합니다. • 죄송합니다만, 그 부분은 이렇습니다. • 네, 지금은 예약이 끝난 관계로 어렵습니다. 대단히 죄송합니다. • 네, 노력은 하겠지만 다소 어려움이 있습니다. • 네, 다음번에는 꼭 지키도록 노력하겠습니다.
맞장구치는 법	• 아~ 네, 그러시군요. • 네, 그렇습니다. • 네, 맞습니다. • 참, 잘된 일이네요.
거절할 때	• 정말 죄송합니다만, 양해를 부탁드립니다. • 대단히 죄송합니다만, 도저히 불가능합니다. • 도움을 드리지 못해 정말 죄송합니다.
부탁할 때	• 부탁 말씀을 드리겠습니다. • 부탁드리겠습니다.
사과할 때	• 불편을 드려 대단히 죄송합니다. • 죄송합니다. 뭐라고 사과를 드려야 할지 모르겠습니다.
기다리게 할 때	• 죄송합니다만, 잠시만 기다려주시겠습니까?
다시 물을 때	• 죄송합니다만, 다시 한 번 말씀해 주시겠습니까?
겸양을 나타낼 때	• 네, 감사합니다. 더욱 열심히 하겠습니다. • 칭찬해 주시니 정말 고맙습니다. • 오히려 제가 감사합니다.
고마울 때	• 네, 감사합니다. • 양해해 주셔서 감사합니다.
분명하지 않을 때	• 죄송합니다만, 지금으로서는 확실치가 않습니다. • 지금은 정확하지 않습니다. 죄송합니다.
끝인사	• 안녕히 가십시오. 감사합니다. 반가웠습니다.

자료 : 프로패셔널 이미지메이킹, 김영란·김지양·박길순·송유정·오선숙·주명희·홍성순, 경춘사의 p. 72와 서비스의 이해, 김근종·새로미의 p. 223 내용을 재구성

Service Power Story

고객을 떠나게 하는 한마디의 말

"다 잘 어울립니다."

"뭐든지 잘 어울립니다"라고 말하면 고객은 진짜 어울리는 것이 어느 쪽인지 헷갈린다. 또는 뭐든지 좋으니까 빨리 결정하라는 뜻으로 들린다. "저것도 잘 어울리셨는데 이것도 굉장히 잘 어울리십니다. 그런데 제가 보기엔 이번 것이 더 자연스럽네요"라고 말하는 편이 낫다.

상품을 빨리 결정하라고 한다

이런 경우는 유행하는 상품을 파는 매장에서 흔히 일어난다. 수많은 고객을 응대해야 하므로 응대가 거칠어지는 것이다. 서비스 제공자 측에 나름대로의 이유가 있다고 해도 어쨌든 고객은 물건을 사고 싶었던 마음이 싹 달아날 것이다.

경쟁사의 험담을 한다

경쟁사에 대한 험담은 오히려 스스로 몸담고 있는 회사의 품위를 낮춘다. 무조건 경쟁사를 험담하고 낮게 보거나 무시하는 표현을 사용하여 말하는 것보다 자사의 강점을 강조하는 편이 낫다. 그래야 고객도 당신에게 신뢰를 갖는다.

귓속말을 한다

매장에서 직원끼리 모여 귓속말을 주고받거나 잡담을 해서는 절대 안 된다. 그것이 설령 업무적인 얘기라고 해도 고객은 자신에 대해 이야기하는 것이 아닌가 하고 신경 쓰기 때문이다.

어린이를 무시하는 말을 한다

어린이도 엄연한 고객이다. 특히 완구점이나 제과점, 식료품점, 패스트푸드점 등은 어린이가 중요한 고객이다. 따라서 어린이 고객을 대할 때도 다른 고객과 마찬가지로 존중하는 언어로 대해야 한다. 어린이를 무시하는 말을 하는 것은 주변의 다른 고객에게도 안 좋은 인상을 남긴다. 만약 유리 진열대를 사이에 두고 판매하는 곳이라면 키가 작은 어린이는 보이지 않아 지나쳐버리고 다음 고객을 응대하는 경우가 있을 수 있으므로 특히 더 주의한다.

『완벽한 서비스를 만드는 대화의 기술』 중에서

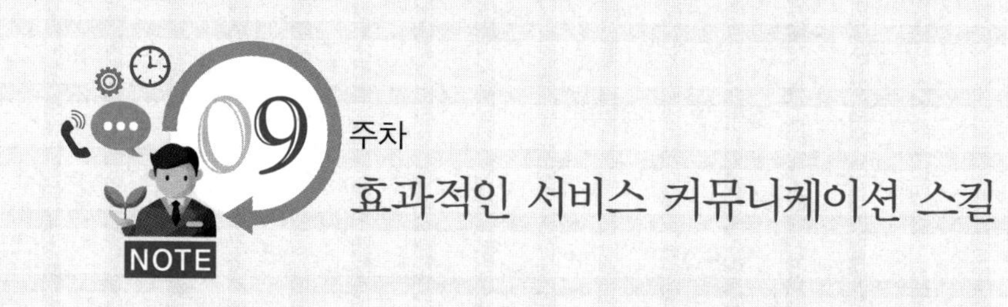

주차

효과적인 서비스 커뮤니케이션 스킬

마음을 사로잡는 커뮤니케이션

1. 칭찬기법을 이해하고 정확하게 사용할 수 있다.
2. 적극적 경청의 개념을 이해하고 경청의 효과를 설명할 수 있다.

10 주차 마음을 사로잡는 커뮤니케이션

대화는 상대방에게 자신의 의사를 가장 간편하고 명확하게 전달하는 의사소통의 방법이자 상대방과 보다 좋은 인간관계를 공유하게 해주는 표현 수단이다. 그러므로 무엇보다 서로를 이해하고 받아들이려는 자세가 필요하며, 열린 마음으로 대화에 임할 때 쌍방적이고 질적인 대화가 이루어질 수 있을 것이다.

1. 칭찬기법

칭찬이란 상대방의 기분을 좋게 하고 결국은 사고력을 마비시킨다. 어떤 이들은 칭찬보다 고언(苦言)을 부탁한다. 찬사보다는 충고를 듣고 싶다고 한다. 진심인 경우도 없지 않으나 대부분은 위선이다. 영국의 소설가 서머셋 몸(W. S. Maugham)은 "사람들은 당신에게 비평을 원하지만 사실은 칭찬받고 싶어할 뿐이다(People ask you for criticism, but they only want praise)."라고 하였다.

정작 충고를 해주면, 겉으로는 "고맙네" 하지만 마음 밑바닥에서는

'네가 뭘 안다고…' 하는 거부감이 부글거린다. 오죽하면 "친구를 오래 사귀기 위해서는 충고를 삼가라"는 처세술의 금언이 있겠는가. 사람들은 추어올리는 말을 좋아한다. 칭찬에 약해지는 것은 남녀노소가 마찬가지이다.

본 대로 느낀 대로, 좋은 것을 좋다고 하는 것이 칭찬이지만 그것만으로는 미흡하다. 그 정도의 칭찬은 누구든지 할 수 있기 때문이다. 잘난 사람에게 잘났다고 하는 것은 초보적인 칭찬이요, 유치한 찬사다. 그것은 당신이 말해주지 않아도 고객 자신이 더 잘 알고 있다. 다른 사람으로부터도 많이 들어본 말이니 별다른 감흥이 없을 것이다.

보다 더 강렬한 인상을 심어줄 수 있는 찬사가 필요하다. 고객 자신도 모르던 사실, 남들이 아직까지 말해주지 못한 찬사를 말해줘야 한다. 그래야 칭찬의 효력이 크다.

물론 쉽지 않다. 고객 자신도 모르고 있는 칭찬거리를 발견하는 것이 쉽지는 않다. 그러나 어려운 것도 아니다. 칭찬의 소재가 없는 것이 아니라 칭찬할 마음의 여유가 없는 것이다. 칭찬하려는 마음만이라도 먹어보자. 도처에 깔려 있는 것이 칭찬거리일 것이다.

잘난 것은 잘난 대로, 좋은 것은 좋은 대로 칭찬의 소재가 될 수 있으며, 그런 것이 아니더라도 좀 특이하고 유별난 것은 칭찬거리가 될 가능성이 높다. 사람은 누구나 그런 것 한두 가지는 가지고 있게 마련이다. 장점 없는 사람 없으며 개성 없는 사람도 없다. 문제는 '꿈보다 해몽'이다. 긍정적인 측면, 칭찬의 측면에서 바라보는 것이 중요하다.

감탄과 경이(驚異)의 안경을 쓰고 세상을 바라보면 삼라만상에 신비롭지 않은 것이 없다. 마찬가지로 '칭찬의 안경'을 쓰고 세상을 바라보면 주위의 모든 것이 칭찬의 대상으로 변한다. 그것은 사람일 수도 있고 소유물일 수도 있으며, 눈에 보이는 것일 수도 있고 보이지 않는 것일 수도 있다. 어떻게 그것을 발견해 내고 유효적절한 말로 표현해 내느냐가 문제다. 그것이 바로 칭찬의 기술이다.

가. 칭찬의 중요성

'Acknowledgement'라는 영어 단어를 살펴보면 승인, 인정이라는 뜻을 가지고 있다. 칭찬도 'Acknowledgement'에 포함된다고 할 수 있다. 상대의 존재를 인정하는 행위와 언어, 그 모든 것이 'Acknowledgement'가 될 수 있다. 이를테면 인사를 한다거나 상대방의 얘기에 귀 기울이는 것 등이 모두 포함된다. 그 외에도 인사를 한다든지 선물, 일상에서 자연스레 건네는 말에 이르기까지 상대의 존재를 인정하고 있다는 사실을 전달하는 모든 행위나 언어가 승인에 해당되는 것이다.

이런 인정, 칭찬이 좋은 이유는 무엇일까? 사람들은 타인으로부터 칭찬을 받으면 의욕이 생기고 기쁘고 기분이 좋아진다. 사람은 남에게서 인정받고 싶어 한다. 이는 인간이 태초부터 협력관계를 만들어 살아남은 종족이기 때문이다. 좋든 싫든 혼자서 살아갈 수 없는 존재다. 자신이 협력관계의 틀 안에 들어 있지 않다는 것은 외톨이, 다시 말해 정신적인 '죽음'을 의미하는 것과 마찬가지이다. 반대로 사람은 존재를 인정받고 있다는 실감이 없으면 그것은 단순히 '인정받고 있지 않다'가 아니라 살아남을 수 없을지도 모른다. 생존에 대한 위기이기 때문에 불안해진다.

사람들은 모두 안심하고 안정된 환경에 있고 싶어 한다. 그리고 사람은 자신의 안심하고 싶은 궁극적인 욕구시켜 충족해 준 사람을 절

> ✿ 칭찬이라는 것은 긍정적 감정의 표현이기 때문에 감정표현을 제대로 하지 않으면 칭찬하기도 어렵다. 사랑의 마음이 표현될 때 아름다운 것처럼 긍정적 감정인 칭찬도 표현되어야 아름답다. 열등감을 가진 사람은 다른 사람의 장점보다는 단점을 크게 보는 경우가 있기 때문에 칭찬에 인색하다. 칭찬을 잘하지 못한다는 생각이 들 때 내가 혹시 열등감에 빠져 있지 않은지 생각해 보고 자존감을 높이도록 해본다. 그러면 다른 사람도 높여주는 칭찬을 자연스럽게 할 수 있을 것이다. 자신의 자존감을 높이는 방법 중에는 자신을 칭찬하는 방법이 있다.

대적으로 신뢰하고 그 사람의 요구나 부탁은 무엇이든 응해주고 싶다는 생각을 하게 된다.

나. 칭찬법

❶ 구체적인 사실에 대한 칭찬을 한다

실제적인 것이 대단히 중요하다. 가식적인 칭찬은 경우에 따라서는 마이너스가 될 수도 있음을 참고해야 한다.

❷ 진정어린 칭찬을 한다

그 칭찬이 진심어린 것인지, 아니면 가식적인 것인지를 상대방은 느낄 수 있다. 본심에서 우러나온 진심어린 칭찬은 그 가치가 더욱 빛난다.

❸ 적절한 타이밍에 칭찬을 한다

칭찬은 처한 환경에 따라 가능한 즉시 하는 것이 좋다. 시간이 한참 지난 뒤라든가, 오래전에 발생한 일에 대하여 칭찬을 한다면, 그에 대한 가치도 반감될 것이다.

❹ 간단명료한 칭찬을 한다

듣기 좋은 꽃노래도 한두 번이라는 말이 있다. 특히 칭찬은 말할 나위가 없다. 간단하고 명료한 칭찬이 그 효과를 더 발휘할 것이다.

❺ 보디랭귀지로 칭찬한다

보디랭귀지에 의한 칭찬도 대단히 중요하다.

1) 고객에게 효과적으로 하는 칭찬법

일단 마음에 묻어둔 칭찬은 고객에게 아무런 의미가 없다. 밖으로 꺼내어 표현해야 한다.

❶ 우선 눈에 보이는 장점들을 칭찬하라

"스타일 참 멋지세요.", "아이가 중학생인데 어머님 참 젊으세요." 등 외모라든가 패션 감각 그리고 소유한 물건 등에 대해 칭찬하라.

❷ 대화 과정 속에서 드러나는 고객의 능력에 대해 칭찬하라

물건을 보는 안목이라든가 의사결정 시의 판단력, 그리고 어떤 분야에 대한 지식이나 정보 혹은 감각이나 실력 등을 칭찬한다. 예를 들어 "고객님이 투자상품에 대한 이해가 빠르시니 제가 설명 드리기가 한결 수월합니다." 혹은 "색깔 배합을 참 잘하시네요. 혹시 이쪽에 경험이 있으신지요?" 등이다.

❸ 노력하는 과정을 칭찬한다

나를 배려하며 들어주는 노력이나 이해하려 애쓰는 모습, 그리고 상황이 잘 풀리도록 협조하려는 모습 등을 칭찬하라. 예를 들면 "네, 제 입장을 이해해 주시니 정말 감사하죠. 그럼 고객님을 제가 더 성심껏 도와드려야겠네요.", "고객님이 도와주셔서 어렵던 과정이 빨리 끝났네요." 등의 표현이 있다.

칭찬은 외양적인 면에서 시작하여 대화가 진행될수록 내면에 있는 좋은 점들을 바깥으로 끌어내어 인정해 주는 과정으로 연결되어야 한다. 그러면 누구에게나 칭찬할 수 있고 자연스럽게 고객의 마음을 얻을 수 있다. 이때 모든 칭찬이 과해서는 안 되며 잘 보이려는 의도로 비춰지지 않도록 주의해야 한다.

2. 경청

⚙ 듣기와 경청에는 분명 차이가 있다. 듣기는 그냥 듣기(hearing)와 경청(listening)이 있다. 듣기는 귀만 열고 듣는 것이고, 경청은 마음을 열고 정신을 집중하여(attending) 이해하면서(comprehend) 듣는 것이다.

사람이 말할 때 평균적으로 1분간 사용하는 단어는 100~140개이고, 듣는 속도는 말하는 속도의 2~3배라고 한다. 따라서 의사소통을 잘하기 위해서는 말하는 것보다 잘 듣는 요령이 더욱 필요한데, 잘 듣는 것은 상대방이 말하고자 하는 바를 다 말할 수 있도록 격려하면서 그의 의도를 충분히 파악하는 것이다. 잘 듣기 위해서는 말하기만큼 많은 훈련과 노력이 필요하다.

그림 1_ 효과적인 커뮤니케이션 5단계 기술

1단계	2단계	3단계	4단계	5단계
관심을 기울이고 적극적으로 듣는다. (적극적 경청 방법)	의사(내용)를 확인한다. (의사 확인 방법)	숨은 뜻과 기분을 확인한다. (숨은 뜻과 기분 확인 방법)	적당히 반응(영향)한다. (반응 방법)	효과적으로 표현한다. (표현 방법)

자료 : 커뮤니케이션 예절, 박소연·김민수·박혜윤, 새로미

1) 적극적 경청

적극적 경청이란 커뮤니케이션에 있어서 적극적인 청취태도에 대한 사고방식을 말하는데, '공감적 경청'이라고도 하며 비지시적 카운슬링의 창시자인 칼 로저스가 제창했다. 적극적 경청은 고객의 말을 들을 때는 귀를 열어 표정, 눈빛, 몸, 마음을 상대에게 집중시켜 듣겠다는 자세가 필요하다. 즉 상대방이 전달하고자 하는 말의 내용은 물론,

그 내면에 깔려 있는 기분, 감정, 의미에 귀 기울여 듣고 이해한 바를 상대방에게 피드백해 주는 것이다.

2) 바람직한 경청태도

❶ 1단계 : **주의를 기울이기**

경청은 주의를 기울여 상대방을 진지하게 바라보는 데서 시작된다. 고객에게 다가가서 몸을 고객의 방향으로 향하고 고객에게 약간 몸을 기울여서 듣는 것이다. 고객과 오래 대화할 경우에는 일반적으로 고객의 양 미간과 눈을 번갈아 보면서 시선을 보내는 것이 고객 입장에서 편안함을 느낄 수 있다. 상대가 남성이든 여성이든 모두 눈을 보고 말하는 것이 좋지만 너무 뚫어지게 쳐다보면 어색하게 되고 위압감을 주기도 하기 때문에 시선은 상대방의 미간을 보다가 여백, 즉 상대방과의 대화의 중심이 되는 쪽(상품, 앞에 놓인 서류, 지시하는 방향, 찻잔 등)으로 시선을 옮기는 것이 좋다. 어떠한 경우라도 고객의 신체를 위아래로 훑어보는 것은 좋지 않다. 또한 고객의 말을 들을 때 될 수 있으면 고객의 눈을 바라보고 자신이 이야기할 때는 조금 시선을 아래로 향하는 것이 좋다. 또한 이야기의 핵심이나 고객의 동의를 구하고 싶을 때는 시선을 반드시 고객의 눈에 두어 자신의 의지를 표현해야 한다. 상대방을 보면서 고개를 끄덕이거나 맞장구치는 식으로 상대방의 말에 응대해 주면 더욱 효과적이다.

❷ 2단계 : **인정하기**

말을 들을 때에는 그의 입장을 충분히 인정해 주는 것이 필요하다. 고객을 인정하는 것과 그 말에 동의하는 것은 다르다. 인정한다는 것은 고객이 갖고 있는 생각과 감정을 그럴 수 있다고 받아들여주는 것일 뿐이다. 들으면서 "그러셨군요"라고 인정하는 말을 해주면 상대방은 자신이 존중받고 있다는 느낌을 갖게 된다.

❸ 3단계 : **요약하기**

고객이 하는 이야기를 잘 듣고 비난이나 평가, 훈계, 조언 없이 감정을 정리하여 "그러니까 ~하다는 말씀이시죠?" 하며 요약하는 것이 좋으며, 들을 때는 중간에 끼어들지 말고 끝까지 듣도록 한다. 의문이 있으면 말이 끝난 뒤에 묻는다.

❹ 4단계 : **메모하기**

대부분의 사람들이 말할 때에는 분당 약 100~140개의 단어를 처리할 수 있는 반면, 청취할 때에는 1분에 600단어 이상을 수용하고 처리할 수 있기 때문에 듣는 사람이 부주의하기가 더 쉽다. 이와 같이 여분의 시간이 있기 때문에 사람들이 주의가 분산되고, 지겨워하고, 부주의하다는 것은 당연한 것이다. 말하는 속도보다 듣는 속도가 빠르기 때문에 두뇌능력에 여유가 생겨 고객의 말을 듣는 동안 고객의 말에 집중하지 못하고 다른 생각에 빠지기 쉽다. 따라서 메모하면서 경청하는 습관을 익히면 집중하여 듣기에 도움이 된다.

3) 맞장구의 종류

❶ 가벼운 맞장구

반응 없이 가만히 듣고만 있는 것이 아니라 가볍게 반응을 보여줌으로써 상대방의 기분을 돋우어줄 수 있다.

"저런!", "그렇습니까?", "아닙니다.", "잘됐습니다.", "그렇게 하세요."

❷ 동의하는 맞장구

공감하는 기분을 솔직하게 나타내는 것이 핵심이다.

"과연!", "정말 그렇겠군요.", "알겠습니다."

❸ 정리하는 맞장구

상대방을 말주변이 없다고 규정하지 말고 정리해 주거나 핵심을 분명히 해주면 서툰 사람도 능숙해진다.

"그 말씀은 이것과 이것을 말하고 싶다는 것이지요?"

"이런 측면도 있습니다만…"

"말하자면 이런 것입니까?"

❹ 재촉하는 맞장구

재촉하는 맞장구 표현은 말을 전개하는 데 있어 필수 요소이다.

"그래서 어떻게 되었습니까?"

"A는 그렇다 치고 B는 어떻습니까?"

"말씀하시는 것은 알겠습니다만…"

❺ 몸으로 하는 맞장구

상대방의 소리를 귀로만 듣는 것이 아니라 온 마음과 몸으로 들어야 하고 소리만 듣는 것이 아니라 상대방의 기분까지도 듣는다는 표현으로 고객를 끄덕이거나, 눈으로 표현한다거나, 고개를 갸우뚱한다거나, 손으로 가리키는 등의 몸으로 하는 맞장구로 응대한다.

4) 경청의 효과

경청을 잘 하면 다음과 같은 효과를 얻을 수 있다.

① 좋은 인간관계가 형성된다.

② 상대방이 좋아한다.

③ 고객의 욕구를 파악해 '판매(sale)'를 할 수 있다.

④ 상사나 부하의 마음을 파악할 수 있다.

⑤ 상사나 부하를 효과적으로 설득할 수 있다.

⑥ 상대방의 뜻에 부합하는 일을 할 수 있다.

⑦ 좋은 정보를 얻어낼 수 있다.

⑧ 판단의 재료가 축적된다.

⑨ 설득의 포인트를 잡아낼 수 있다.

⑩ 보다 능숙하게 말을 잘할 수 있다.

표 1_ 올바른 경청태도

경청에서 해야 할 일	경청에서 해서는 안 되는 일
• 고객의 대화 내용을 관심을 가지고 듣는다. • 그리고 그것에 공감대를 형성하려고 노력한다. • 고객이 의견 개진을 할 때에는 조용히 한다. • 대화 도중 논의가 필요할 때는 적절한 시간을 허용한다. • 비언어적 단서에 유의한다. • 잘 못 들었을 경우 다시 확인한다.	• 듣기 과정에서 논쟁을 하면 안 된다. • 말을 중간에 끊는다. • 고객의 말을 가로채 화제를 바꾸어 버린다. • 주의가 산만하다 • 지루해 한다. • 들으면서 동시에 다른 사람에게 얘기한다. • 듣기에 앞서 미리 판단해서는 안 된다.

자료 : 서비스네비게이션, 김영훈·나현숙, 아카데미아의 p. 130 내용을 재구성

표 2_ 경청 습관 진단

경청 습관	종종 한다 (2점)	가끔 한다 (1점)	전혀 안 한다 (0점)
신체를 반응한다.			
앞쪽으로 몸을 기울인다.			
상대방 쪽으로 향한다.			
편안하게, 그러나 약간 긴장한 자세를 취한다.			
열린 자세를 취한다.			
긍정적인 반응 있는 얼굴 표정과 머리의 움직임이 있다.			
눈맞춤을 한다.			
상대방과 가까이 앉는다.			
목소리에 변화를 준다.			
보조적 소리를 낸다.			
총첨	점		

자료 : 지교수의 행동하는 매너 메이킹하는 이미지, 지희진, 한올의 p. 40 내용을 재구성

Service Power Story

마음을 닫게 하는 10가지

1. 처음부터 끝까지 내 이야기만 늘어놓는다.

2. 상대방이 말을 끝내기 전에 도중에 끼어든다.

3. 상대가 거부감을 느끼는 주제를 찾아 화제로 삼는다.

4. 맞장구 대신 엇장구를 쳐서 대화에 김을 뺀다.

5. 딴 생각을 하고 있다가 이미 했던 얘기를 되묻는다.

6. 무슨 말이든 무관심하고 시큰둥한 태도를 보인다.

7. 쳐다보거나 고개를 끄덕이지 않고 웃지도 않는다.

8. 딴전을 피우고 다리를 떨거나 하품을 한다.

9. 말하는 사람 대신 다른 사람에게 관심을 보인다.

10. 내 말은 옳고, 상대가 틀렸음을 기를 쓰고 증명한다.

『끌리는 사람은 1%가 다르다』 중에서

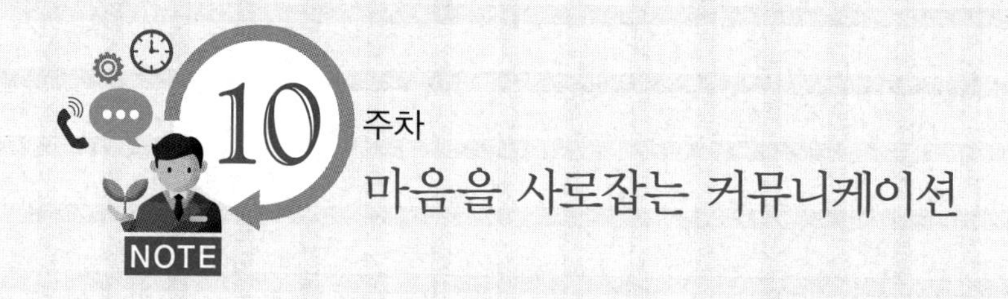

10 주차

마음을 사로잡는 커뮤니케이션

서비스인의 전화응대

1. 전화응대의 특성을 이해하고 전화응대의 기본원칙을 정의할 수 있다.
2. 전화응대의 기본 매너를 이해하고 상황별 전화응대를 보여줄 수 있다.

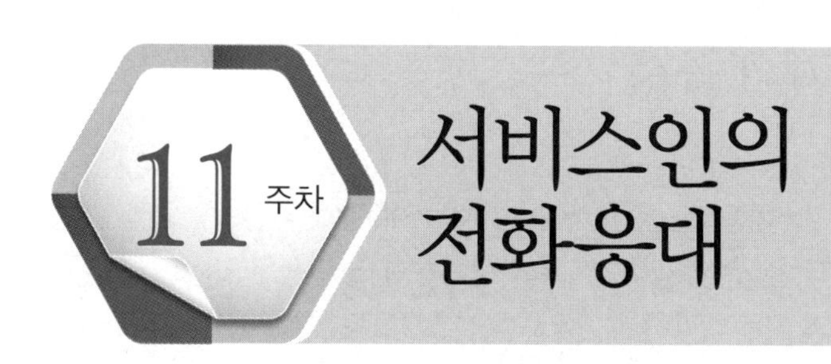

11주차 서비스인의 전화응대

현대사회를 움직이는 것은 'Line'으로 컴퓨터, 전화, 팩스 등의 '라인의 시대'라고 해도 과언이 아니다. 이 중에서도 가장 보편적이고 1인 1대의 휴대를 하고 있는 것이 전화이다.

우리나라에 전화가 보급된 것은 1893년이다. 전화는 대단히 편리한 기구로 1인 1전화기 시대가 되면서 전화는 의사소통의 수단이며 업무 진행의 중요한 역할을 담당하는 필수도구가 되었다. 더욱이 기업이나 개인 모두 전화로 업무를 해결하는 시대이기도 하다. 고객응대에 있어서도 전화는 서비스의 중요한 수단이 된다. 서비스인은 전화를 활용하여 시간과 노력의 효율을 증가시키고 활동범위를 넓혀 고객 서비스의 폭을 확대해 나감으로써 전화를 통한 서비스 향상을 도모해야 한다.

이렇듯 일상생활은 물론, 업무처리에 있어서도 중요한 위치를 차지하고 있어 그 사용능력을 향상시키는 것은 곧 업무능력 향상과 직결된다. 선진국에서는 전화 능력을 인사고과에 반영할 정도로 큰 비중을 둔다. 전화응대 하나로 기업이나 개인의 신용을 얻거나 잃어버릴 수도 있으므로 올바른 전화응대 매너를 숙지하여야 한다.

1. 전화응대의 특성

전화응대는 음성으로만 전달되는 응대로써 잘못하면 큰 오해가 생길 수 있으므로 주의해야 하며 더욱 정중하고 공손하게 받아야 한다.

전화응대의 특성

- 보이지 않는 만남
- 짧고 많은 만남
- 사전·사후적 만남

❶ 보이지 않는 만남

- 의사 전달에 어려움이 있다.
- 감정의 전달이 어렵다.
- 문제 발생 시 대처가 어렵다.

❷ 짧고 많은 만남

- 전문성 부족 시 비효율성이 초래된다.
- 기업의 서비스 이미지를 좌우하여 불친절한 응대를 할 경우 모든 고객을 잃을 수 있다.

❸ 사전·사후적 만남

- 다른 서비스에 연쇄적인 영향을 미친다.
- 직원들이 소홀해지기 쉽다.
- 문제 발생 원인을 찾기 어렵다.

2. 전화응대의 기본원칙

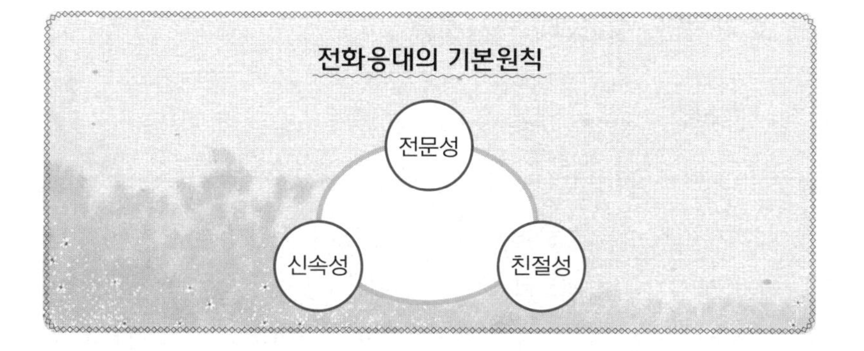

❶ 전문성

- 전문성 있고 정확한 업무내용은 전화 서비스를 완성시킨다.
- 고객이 전화를 하는 이유는 궁극적으로 자신이 궁금한 것을 알아보기 위함이므로 업무에 대해 정확히 알고 응대해야 한다.

❷ 신속성

- 전화를 빨리 받는 것부터 친절한 응대이다.
- 전화벨이 3번 울리기 전에 받는 것이 좋다.
- 부득이하게 시간이 지체된 경우 상대의 입장까지 배려해야 한다.

❸ 친절성

- 친절성은 고객이 가장 기대하는 사항이다.
- 음성에만 의존하기 때문에 목소리에 상냥함이 배어 있어야 한다.
- 음성뿐 아니라 고객의 욕구 충족을 위해 애쓰는 태도로 전달되어야 한다.

3. 전화응대의 기본 매너

가. 효과적인 전화응대 의사소통

1) 전화에도 표정이 있다

누구나 목소리만 들어도 상대의 표정을 충분히 읽을 수 있다. 전화응대의 기본은 밝은 얼굴에서 시작된다. 말하는 동안 미소를 짓고 항상 밝은 목소리로 응대한다. 전화통화 때 미소를 지으면 목소리의 톤과 고객이 받아들이는 느낌이 다르다. 얼굴 표정뿐 아니라 어떻게 앉아 있느냐에 따라 음성의 명확함, 강도, 생동감이 달라진다.

통화 중에 항상 바른 자세와 밝게 웃는 얼굴로 말하면, 전화는 긍정적인 톤으로 끝나게 된다.

2) 목소리에 마음을 담아라

청각적 이미지를 결정 짓는 목소리는 전화상으로 특히 그 위력을 발휘한다. 목소리뿐만 아니라 말투 역시 중요하다. 웅얼거리는 말투는 상대방에게 호감을 줄 수 없다. 또한 목소리의 질에도 신경을 써서 자신의 말이 신경질적이거나 짜증스럽게 들리지 않도록 주의한다. 전화응대는 얼굴은 보이지 않지만 목소리만으로 따뜻함이 배어 있어야 한다.

표 1_ 전화응대 기본화법

상황	응대 화법
인사말	• 안녕하십니까? (회사명/부서명/담당자)입니다. • 감사합니다. (회사명/부서명/담당자)입니다. • 정성을 다하겠습니다. (회사명/부서명/담당자)입니다.
긍정일 때	• 네, 잘 알겠습니다. • 네, 그렇습니다. • 네, 저도 그렇게 생각합니다.
부정일 때	• 네, 그렇게 생각하셨군요. • 죄송합니다만, 저는 이렇게 말씀드리고자 합니다. • 죄송합니다, 그 부분은 이렇습니다.
맞장구치는 법	• 아, 네 • 네, 그러시군요. • 그렇습니다.
거절 시	• 정말 죄송합니다. • 양해를 부탁드립니다.
부탁할 시	• 부탁 말씀을 드리겠습니다. • 부탁드리겠습니다.
사과할 때	• 불편을 드려 죄송합니다. • 뭐라고 사과드려야 할지 모르겠습니다.
기다리게 할 때	• 죄송합니다. 잠시만 기다려주십시오.
기다리고 난 후	• 오래 기다리게 해서 죄송합니다.
용무처리가 안 되었을 때	• 죄송합니다만, ~
부탁이나 의뢰할 때	• 죄송합니다만, ~해 주시겠습니까?
되물을 때	• 죄송합니다만, 다시 한 번 말씀해 주시겠습니까?
겸양을 나타낼 때	• 네, 감사합니다. 더 열심히 하겠습니다.
담당부서가 다를 때	• 네, ○○○ 담당부서로 연결해 드리겠습니다. 잠시만 기다려주십시오.
찾는 사람이 없을 때	• 지금 자리에 안 계신데, 괜찮으시면 제가 전해 드리겠습니다.
다른 사람과 상의해야 할 때	• 잠시만 기다려주시면 알아보겠습니다.
고마울 때	• 네, 감사합니다. • 네, 고맙습니다.
분명하지 않을 때	• 죄송합니다만, 지금으로서는 확실치가 않습니다. • ~쯤이면 정확하리라 봅니다만, 지금은 정확치 않습니다. 죄송합니다.
끝인사	• 담당자 ○○○입니다. 고맙습니다. 감사합니다. 잘 알겠습니다. 즐거운 하루 되십시오. 편히 오십시오. 안녕히 계십시오.

자료 : 서비스와 이미지메이킹, 이향정·강미라, 백산출판사의 p. 214와 서비스 프로듀서의 고객감동서비스 & 매너 연출, 이준재·허윤정, 대왕사의 p. 195 내용을 재구성

4. 상황별 전화응대 매너

1) 전화 발신 매너

① 용건을 육하원칙으로 정리하여 메모한다.
② 전화번호를 확인한 후 다이얼을 누른다.
③ 상대방이 받으면 자신을 밝힌 후 상대방을 확인한다.
④ 간단한 인사말을 한 후 시간, 장소, 상황을 고려하여 용건을 말한다.
⑤ 용건이 끝났음을 확인한 후 마무리 인사를 한다.
⑥ 상대방이 수화기를 내려놓은 다음 수화기를 조심스럽게 내려놓는다.

그림 1_ 전화 발신 매너

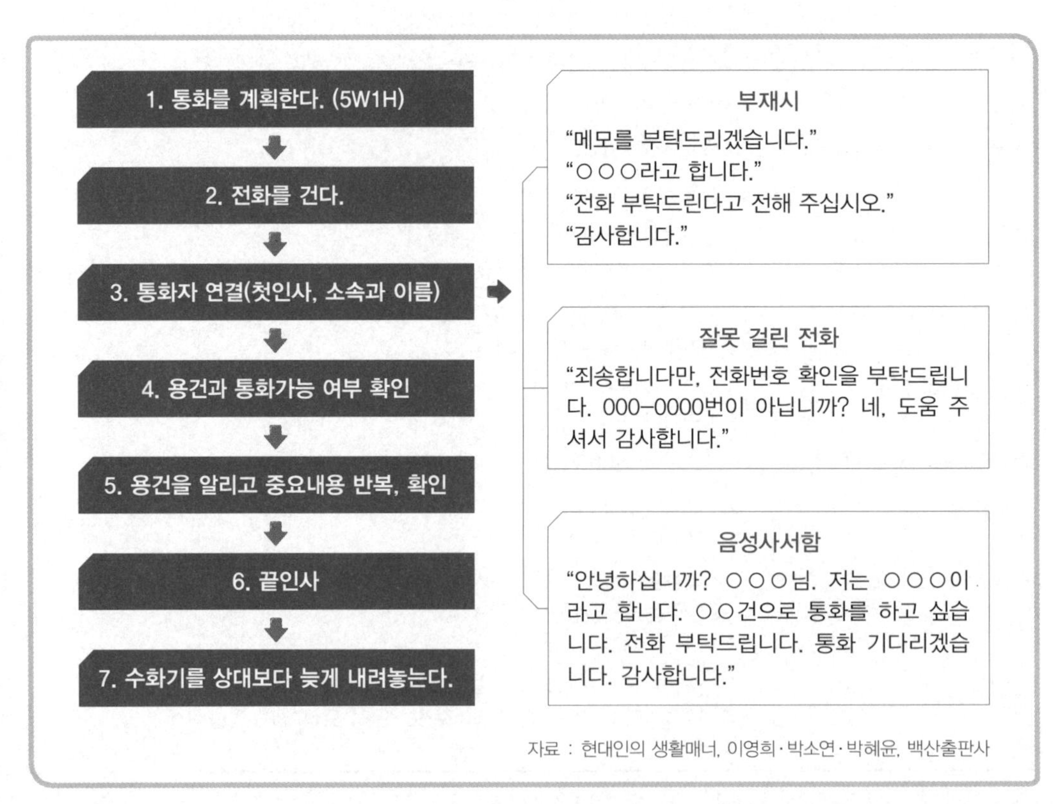

2) 전화 수신 매너

① 벨이 두 번째 울릴 때 수화기를 든다.

② 자기 소속과 이름을 밝힌다.

③ 상대방을 확인한 후 인사한다.

④ 메모 준비를 하고 용건을 경청한다.

⑤ 용건이 끝났음을 확인한 후 통화내용을 요약한다.

⑥ 마무리 인사 후 상대방이 수화기를 내려놓은 다음 조용히 수화기를 내려놓는다.

그림 2_ 전화 수신 매너

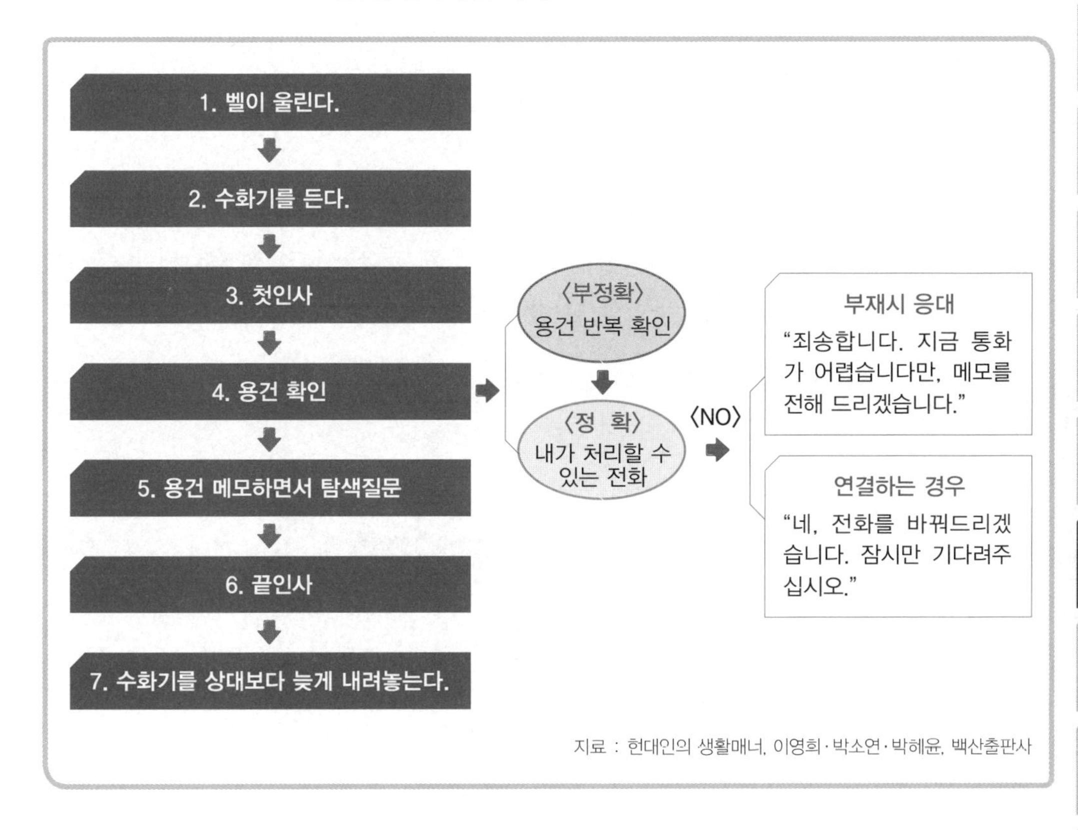

3) 상황별 전화응대

❶ 다른 사람에게 전화를 연결할 때

"잠시만 기다려주시겠습니까? ○○○씨 연결해 드리겠습니다. 내선 번호는 ○○○○번입니다."

❷ 찾는 사람이 부재 중일 때

"죄송합니다만, ○○○씨가 지금 외출 중이십니다."

"잠시 자리 비우셨습니다. 메모 남겨 드릴까요?"

❸ 잘못 걸려 왔을 때

"고객님 죄송합니다만, 전화를 잘못 거신 것 같습니다."

❹ 잘 들리지 않을 때

"고객님 죄송합니다만, 한 번 더 좀 더 크게 말씀해 주시겠습니까?"

"고객님 죄송합니다만, 전화 상태가 좋지 않은 것 같습니다. 번거로우시겠지만 다시 한 번 걸어주시겠습니까?"

그림 3_ 메모 양식

[전화메모]

○○○ 귀하

- 날짜 : 년 월 일
- 시간 :
- 전화하신 분 :
- 연락처 :

□ 전화 왔었습니다.
□ 전화 바랍니다.
□ 다시 전화하시겠답니다.

- 메모 :

- 전화 받은 사람 :

표 2_ 바람직한 전화응대 표현

바람직하지 않은 표현	바람직한 표현
안녕하세요.	안녕하십니까?
우리 회사	저희 회사
데리고 온 사람	모시고 온 분
누구십니까?	어느 분이십니까?
누구지요?	어느 분께서 전화하셨다고 전해 드릴까요?
○○○ 씨입니까?	○○○ 고객님 되십니까?
기다리십시오.	(죄송합니다만) 잠시만 기다려주시겠습니까?
할 수 없는데요.	죄송합니다만, 좀 곤란합니다.
없습니다.	자리에 안 계십니다.
다시 한 번 말해 주십시오.	다시 말씀해 주시겠습니까?
잠깐 자리에 없습니다.	죄송합니다. 잠시 자리를 비웠습니다.
전화 주십시오.	전화를 주시겠습니까?
알았습니다.	잘 알겠습니다.
아닙니다.	제가 알기로는 그렇지 않은 것 같습니다.
말씀하세요.	감사합니다. ○○○ 부서입니다.
수고하십시오.	네, 감사합니다. 안녕히 계십시오.
알고 있어요.	알고 있습니다.
그대로예요.	바로 그렇습니다.
물어보고 올게요.	여쭤보고 오겠습니다.
모르겠습니다.	죄송합니다만, 제가 알아봐드리겠습니다.
알아봐 주십시오.	확인해 주시겠습니까?
다른 전화를 받고 있으니 기다리세요.	다른 전화를 받고 있습니다. 잠시만 기다려주시겠습니까?
나중에 전화하세요.	나중에 전화해 주시겠습니까?
나중에 전화 드릴게요.	잠시 후에 전화 드리겠습니다.
그런 사람 없습니다.	죄송합니다. 찾으시는 분은 저희 회사의 직원이 아닙니다.
들리지 않아요. 뭐라고요?	죄송합니다. 전화상태가 좋지 않으니 다시 한 번 말씀해 주시겠습니까?
고마워요.	감사합니다.
전화 돌려드릴게요.	전화를 연결해 드리겠습니다.

자료 : 서비스매너, 장순자, 백산출판사의 p. 208와 CS란, 김숙희, 새로미의 p. 73 내용을 재구성

표 3_ 전화응대 체크 리스트

항목	체크내용	매우 미흡← 보통→매우 우수				
		1	2	3	4	5
1	전화벨이 3번 이내 울릴 때 받았습니까					
2	첫 인사 시 소속과 이름을 정확히 표현하였는가					
3	본인 소개 시 빠르거나 불분명하지 않고 알아들을 수 있었는지					
4	목소리에 미소가 담겨 있었는가					
5	목소리 크기는 적당하며 자신감 있는가					
6	고객의 이야기를 신중히 경청하고 긍정적으로 응대하였는가					
7	전화 연결 시 전화번호 안내는 하였는가 (만약 연결되지 않으면 ○○○-○○○○로 다시 걸어 주시겠습니까?)					
8	언어 표현 시 긍정적 의뢰형을 사용하였는가					
9	고객과의 대화 중 전문용어 사용은 지나치지 않았는가					
10	발음은 분명한가					
11	언어표현은 공손하고 정중하였는가(사투리)					
12	고객문의 시 상품지식 정도는 충분한가					
13	예약접수 시 반복확인은 하였는가					
14	업무처리 중 기다리게 하였을 때, 사과표현은 하였는가					
15	전화를 기다리게 하고, 보류 버튼은 사용하였는가					
16	고객의 문의에 대한 적절한 해결방안은 제시하였는가					
17	고객과의 대화를 서둘러 마무리하지 않았는가					
18	상황에 맞는 적절한 끝인사는 했는가					
19	수화기를 고객보다 먼저 끊지는 않았는가					
20	수화기를 너무 소리나게 내려놓지는 않았는가					
총점		점				

자료 : 예절과 서비스, 김은희, 대왕사

Service Power Story

통화 중인데 휴대전화가 울리면 어떻게 하죠?

사무실에서는 전화로 업무를 보는 경우도 많다. 한참 통화 중인데 휴대전화가 울리는 경우가 있다.

먼저 통화하고 있는 상대방에게 "죄송합니다, 잠시만 기다려주시겠습니까"하고 수화기를 막은 후 휴대전화를 받는다.

"○○○입니다. 죄송합니다만, 지금 일반전화로 통화 중이니, 통화가 끝나는 대로 바로 연락드리겠습니다." 하고 양해를 구한다.

그리고 먼저 받은 전화 업무가 끝난 뒤 연락하면 된다.

또한 휴대전화에 발신자 번호가 보이므로 상대방이 누구인지 알 경우에는 먼저 전화가 끝난 후에 전화를 걸어도 좋다.

통화 중이어서 전화를 못 받았다고 양해를 구한다면 큰 무리는 없을 것이다.

그리고 먼저 걸려온 전화에 집중하기 위해서는 휴대전화 기능을 확인해 보고, 가능하다면 자동응답모드를 활용하는 것도 좋다.

가장 중요한 것은 먼저 걸려온 전화의 상대에게 "기다려주셔서 감사합니다"라는 인사말을 남기는 것이다.

『눈치코치 직장매너』 중에서

11주차 서비스인의 전화응대

Technical Service Program

서비스 숙련 과정

- 12주차 신뢰를 높이는 매너
- 13주차 세련된 비즈니스 매너
- 14주차 심화 및 향상 평가
- 15주차 글로벌 매너(심화/향상 교육)

신뢰를 높이는 매너

1. 에티켓과 매너를 이해하고 정의할 수 있다.
2. 장소별 안내 매너와 이동수단에 대한 매너를 설명할 수 있다.

Technical Service Program

12주차 신뢰를 높이는 매너

우리는 홀로 사는 것이 아니다. 인간은 사회적 동물이며, 인간관계적인 존재라 일컫는 것은 바로 우리들이 무리를 이루고 살아가는 존재임을 뜻하는 말이다. 오늘날은 전 세계가 하나의 사회 내지는 지구촌으로 형성되고 있다. 그런데 이 사회 속에서 살아가는 각 개인들이 추구하는 목적이나 이해관계는 상호 일치하는 경우도 있으나, 서로 상충하기도 한다. 이처럼 대립과 투쟁이 생기는 이유는 사람들의 목적과 이해관계가 각기 다르기 때문이다.

인간들은 공동의 목적이나 이익을 추구하기 위해, 혹은 상충되는 목적이나 이해관계를 조정하기 위한 수단으로 사회규범, 즉 공공규칙을 갖게 되었다. 다시 말해 인간사회의 질서를 유지하기 위해 규범을 필요로 하게 되었다.

사람이 다른 사람과 아무런 관계없이 살아갈 수 있다면 자신이 원하는 대로 살면 되기 때문에 어떠한 예의나 규범이나 질서가 필요 없을 것이다. 외딴 섬에서 홀로 산 로빈슨 크루소(Robinson Crusoe)에게는 예의가 필요 없었을 것이다. 또한 동물의 세계에도 예의보다는 약육강식의 냉혹한 법칙만이 있을 뿐이다.

다행스럽게도 우리 인간들은 사회생활을 통해 자신의 안정과 이익

✿ 예(禮)란 인간이 지켜야 할 규범이며, 절(節)이란 규범을 따라 실행하고자 하는 행위를 말한다. 그래서 예절이란 인간이 지키고 행하여야 할 규범, 즉 예의범절을 말하는 것이다.

을 보장받기 위해 규칙을 만들고 이를 스스로 지키는 슬기로운 이성을 지니고 있다.

우리가 사회생활을 위해 지켜야 할 규칙에는 여러 가지가 있다. 학교에는 교칙이 있고, 회사에는 사규가 있으며 국가에는 법률이 있다. 우리는 이러한 규칙을 통틀어 규범이라 하는데, 이 규범의 핵심이 바로 예절(禮節)인 것이다.

예의범절이란 영어의 에티켓(etiquette)이나 매너(manner)에 해당되는 말이다. 에티켓이란 대인관계를 원활히 하기 위한 사회적 불문율이며, 매너는 이의 아름다움을 표현한 것이다. 예절은 상대방을 대할 때의 마음가짐이나 태도이며, 타인에 대한 배려이다. 즉 대인관계에 있어서 상대방의 마음을 상하지 않게 하는 마음가짐과 행위이며, 나아가 상대방으로 하여금 중요한 인물임을 느끼게 하는 것이다. 자기 자신의 욕망을 채우기 위하여 남의 것을 탐내지 않으며, 다른 사람에게 자기 것을 나누어주고, 윗사람에게는 공손히 대하고 아랫사람에게는 거짓 없이 이끌어주는 마음가짐으로 생활하는 사람을 예절바른 사람이라고 한다. 또한 자기가 맡은 일에 대하여 정성을 다하는 것, 나를 믿어주는 사람에게 정성을 다하는 것, 남과 약속한 것을 어기지 않고 지키는 것, 또는 불의를 물리치고 정의를 수호하는 것도 예의라고 하겠다.

프랑스의 철학자 베르그송은 상대방에 대하여 자기 자신의 뜻을 강요하는 것이 아니라 상대방에 의하여 자기 자신을 바꿀 수 있는 능력에 예의범절의 본질이 있다고 했다.

1. 에티켓과 매너

'에티켓'과 '매너'는 우리나라에서 이들 용어의 뜻에 큰 차이를 두지 않고 혼용할 때가 많다. 우리말로 공히 '예절'로 번역될 수 있으나, 엄격히 살펴보면 이러한 용어들의 의미는 경우에 따라 구별하여 사용하는 것이 바람직하다.

가. 에티켓

에티켓의 사전적 의미는 형식으로서 일상생활에서 지켜야 하는 언행규범을 가리킨다. 에티켓의 어원은 프랑스어 'Estiquier(붙이다)'라는 동사에서 파생된 명사형으로 '입간판' 또는 '안내표지' 정도로 해석할 수 있다. 에티켓의 이와 같은 의미 전이와 관련하여 전해 내려오는 일화로는 루이 14세 시절 베르사유 궁전에 화장실이 없자 정원사가 무단방뇨를 막고 정원을 보호하기 위해 '화단에는 아무도 들어가지 말 것, 용변은 저곳에서!'라는 내용을 적은 입간판을 세운 데서 유래한다.

상대의 문화와 전통을 존중하면서 인간의 평등과 존엄을 바탕으로 지켜야 할 생활예절이며, 아울러 상대의 인격을 존중하고 형편을 이해하면서 마음을 다치지 않도록 노력하는 행위로서, 이를 지키지 않으면 '상대의 마음의 화원'을 해치게 되고 상대의 마음을 언짢게 하는 것이 바로 에티켓이다.

에티켓은 '있다, 좋다' 대신 '지키다'라는 표현을 사용하는 데서 알 수 있듯이 의무적, 규범적, 공공의 성격, 외부 지향적 성격을 갖는다. 사우나나 공원 입구의 안내판에 써 있는 수칙 등과 같이 눈에 보이는 에티켓이 있는 반면, 눈에 보이지 않는 에티켓도 있다. 예를 들면, 공공장소에서 아무렇지도 않게 침을 뱉는다든지, 노상방뇨 또는 취해서 비틀거리며 길을 걷는 등 공중질서라든가 공중도덕을 잘 지키는 것이 에티켓을 잘 지키는 것을 표현하는 것이다.

에티켓은 변하기도 하는 것이므로 중세의 에티켓 중에는 소멸된 것도 많다는 데서 가변성을 지니며, 타인을 존중하고 배려하는 가운데 타인에게 폐를 끼치지 않는 것으로 해당 사회, 문화 등과 관련하여 보편적으로 해야 하는 일에 대한 예절이라는 데서 보편성을, 그것이 형식을 필요로 한다는 데서 형식성을 갖는다.

에티켓의 기본은 상대를 먼저 생각하는 친절한 마음에서 비롯된다. 친절한 마음을 바탕으로 상대를 편하게 해주려는 생각을 하고, 그리하여 타인에게 불쾌감을 주지 않는 것이다. 상대방을 기쁘게 하고 타인과 원만하게 지내는 기술은 살아가며 배워야 할 많은 것들 중에서 가장 유용하고 가치 있는 것이다.

나. 매너

매너의 어원은 라틴어인 'Manusarius'에서 유래되었다. 이 말은 손(Hand)의 뜻을 지니며 사람의 행동·습관의 의미를 내포한 'Manus'와 방법·방식(way)을 의미하는 'Arius'의 합성어로써 행동방식·습관의 표출을 의미하는 것이다. 그래서 매너는 '지키다'라는 표현보다는 '좋다', '나쁘다'로 표현한다.

매너는 사람마다 갖고 있는 독특한 행동방식이라 할 수 있다. 어떤 일을 할 때 더 바람직하고 쾌적하며 우아한 느낌을 받고자 소망하는 데서 비롯된 습관으로, 상대에 대한 경의를 표하는 것이고 배려이며, 상대를 인식한 행동으로써 서비스의 기본을 이루는 것이라 할 수 있다. 매너를 딱딱한 예절로 인식하고 마음을 담지 않은 채 습관적으로 반복하는 것을 '매너리즘(Mannerism)'이라 표현하는 것처럼, 저마다 갖고 있는 독특한 행동방식·습관이지만 상대를 배려하는 마음이 담기지 않으면 매너가 좋은 사람으로 인식될 수 없을 것이다.

즉 에티켓이 마음을 담은 행동으로 표출된 것이 매너이다. 예를 들어 웃어른에게 인사하는 에티켓을 알고 있어도 공손하게 하지 않았다면 매너가 나쁜 사람이다. 에티켓이 공공성을 지닌 예절로써 현대인에게 필수적인 규범성을 갖는 데 반해 매너는 자의적으로 선택 가능한 인격의 표지로서 대인관계에서 더욱 강조되는 덕목이다.

매너는 오랜 기간 사람들과 교류하며 터득하여 자신의 몸에 익숙해진 것으로, 적어도 남을 조금이라도 배려한다면 좋은 매너를 지닌 사람이라 할 수 있다. 회식자리에서 주위 사람과 보조를 맞추어 음식을 먹으려는 마음, 젓가락을 바르게 쥐는 버릇 등 매우 일상적인 습관으로, 남을 불쾌하지 않게 하고 폐를 끼치지 않으려는 행동이 매너인 것이다. 아무리 에티켓에 부합하는 행동이라도 존경과 배려의 마음이 없다면 품위 있는 매너의 소유자가 될 수 없다. 예를 들어 영국 엘리자베스 여왕이 중국 고위관리와의 식사 자리에서 서양식 테이블 에티켓을 모르는 중국 관리가 핑거볼의 물 마시는 모습을 보고 자기도 따라 마신 것은 에티켓에 너무 얽매였다면 할 수 없는 행동이다. 여왕은 에티켓에는 어긋나지만 중국 관리가 당황하지 않고 편안하게 식사할 수 있도록 배려하는 마음에서 우러나온 아름다운 매너를 보인 것이다. 좋은 매너는 정신적인 면과 형식적인 면이 조화롭게 결합되어야 하며 어느 한쪽에 치우쳐서는 안 된다.

이와 같이 매너는 시간, 장소, 상황 그리고 상대방에 따라 다르게 표현될 수 있다. 형식에 너무 치우치지 말고 배려하는 마음을 전달하는 것이 좋은 매너의 기본이 된다.

에티켓은 '특정한 곳에서 개인생활이나 사회생활을 하는 데 있어 반드시 지켜야 할 규범'으로서의 예절을 말하고, 매너는 '몸에 밴 고유한 습관이나 태도'를 말한다. 그러므로 '매너가 좋다/나쁘다'라고 말할 수는 있어도 '에티켓이 좋다/나쁘다'라고 말할 수는 없다. '지금 내가 이렇게 하면 상대방은 어떨까' 하는 식으로 항상 상대방의 입장에서 생각하는 마음가짐, 즉 역지사지(易地思之)가 중요하며, 바로 그것이 에티켓이나 매너의 기본임을 잊지 말아야 할 것이다.

표 1_ 매너와 에티켓의 차이점

에티켓	매너
행동기준	행동으로 나타내는 방법
'나 자신'에 관심	'상대방'에 관심
'있다, 없다'의 유무로 구분	'좋다, 나쁘다'로 구분
형식(form)	방식(way)
예 화장실에서 노크를 하는 행동 자세	예 상대를 배려해서 조심스레 노크하는 것

자료 : 비즈니스 매너와 글로벌 에티켓, 오정주·권인아, 한올

표 2_ 매너 점수

해당하는 곳에 (✔) 표시한 후 점수를 합산하세요.

문항	그렇다 알고 있다 4점	보통이다 잘 모른다 3점	그렇지 않다 전혀 모른다 2점
사회생활에서 당신은 매너가 중요하다고 생각하십니까?			
평소 복장에 대해서 신경을 쓰고 있습니까?			
승용차를 탈 때 상석이 어디인지 알고 있습니까?			
레스토랑에서 양식 먹는 순서를 알고 있습니까?			
상대방과 대화할 때 주로 듣는 편입니까?			
상사에게 자기를 호칭할 경우 '저' 또는 지위나 직명을 사용한다는 사실을 알고 있습니까?			
명함을 받고 상대방의 면전에서 상대의 명함 뒷면에 메모하는 것은 에티켓에 어긋난다는 것을 알고 있습니까?			
커피를 마실 때 소리 내지 않고 마시려고 노력합니까?			
전화를 받을 때 목소리를 낮춰 말하여 주위사람에게 방해가 되지 않으려고 노력합니까?			
식당에서 냅킨 사용법은 알고 있습니까?			
나이프와 포크의 사용법을 알고 있습니까?			
애피타이저를 알고 있습니까?			
칵테일의 종류를 적어도 한 가지 이상은 알고 있습니까?			
응접실에서 좌석에 앉을 때 상석을 알고 있습니까?			
비행기 기내에서의 화장실 이용법을 알고 있습니까?			
호텔에서 객실 이용 시 침대 이용법은 알고 있습니까?			
호텔에서 모닝콜이 무엇인지 알고 있습니까?			
평상시 상대방과 대화할 때 다리를 떨지 않고 안정된 자세로 이야기합니까?			
엘리베이터를 타고 내릴 때 여성이 먼저 타는 것을 알고 있습니까?			
사람을 소개할 때 지위가 낮은 사람을 먼저 소개한다는 사실을 알고 있습니까?			
남성과 여성이 같이 있는 경우 남성부터 소개한다는 사실을 알고 있습니까?			
악수하는 순서는 상급자가 하급자에게 먼저 한다는 사실을 알고 있습니까?			
스테이크는 포크로 살며시 누르고 나이프를 직각으로 하여 세로로 자른다는 사실을 알고 있습니까?			
식당에서 음식을 주문할 때 메뉴의 이름을 잘 모를 경우 옆사람이 먹고 있는 음식을 가리키지 않고 웨이터에게 메뉴에 대해 잘 물어서 원하는 것을 주문합니까?			
스테이크의 굽는 정도에 따라 요리가 다르다는 사실을 알고 있습니까?			
매너 점수 합계(100점 만점)			

자료 : 매력이 넘치는 매너플러스, 이정원·이준호·박명순·권정임·신은미, 교문사

나의 매너 평가

90점 이상	당신의 매너는 전혀 문제가 되지 않습니다. 멋진 매너를 가진 사람입니다.
75~89점	당신은 매너에 대해 상당한 관심을 가지고 있습니다. 그러나 다소 노력이 요구됩니다.
74점 이하	당신은 매너에 대해 다소 무관심한 편입니다. 매너에 관련된 지식을 늘려야 합니다.

2. 장소별 안내 매너

가. 안내 기본 자세

- **표정** : 밝고 부드러운 미소로 바라본다.
- **손** : 손바닥이나 손등이 정면으로 보이지 않는 각도로 눕혀서 가리킨다.
  - 손목이 굽지 않도록 주의한다.
  - 사람을 지시할 때는 양손을 사용한다.
- **시선** : '상대방의 눈 → 가리키는 방향 → 상대방의 눈' 순으로 한다.

그림 1_ 방향지시 자세

- **자세** : 상체를 10도 정도 가볍게 굽힌다.
  - 가리키는 방향의 손을 사용한다. (오른쪽→오른팔, 왼쪽→왼팔)
- **화법** : 상대방의 말씀을 복창하고 확인한 후 정확하게 안내한다.
  - 상대방 방향을 기준으로 설명한다.

나. 동행 안내

- 안내하고자 하는 장소의 위치를 방향으로 지시한다.

– "제가 모시겠습니다. 이쪽입니다."

- 고객이 중앙을 걸을 수 있도록 고객의 좌측에서 1~2보 앞에 서서 사선걸음으로 걸어간다.
- 고객의 보행속도에 맞추어 수시로 고객을 바라보며 안내한다.
- 이동하면서 방향, 위치 지시 동작은 정중하게 하며 안내한다.

  – VIP나 상사 의전 수행 시에는 좌측 1~2보 뒤에 위치한다.
- 안내할 장소에 도착하면 도착장소를 알린다.

  – "여기가 회의실입니다."
- 끝인사를 하고 나온다.

  – "좋은 하루 되십시오."

다. 문 안내

❶ 당기는 문

당겨서 여는 문을 통과할 때는 문을 먼저 당겨 열고 서서 고객을 먼저 통과하도록 안내한다.

- 문을 3회 노크한다.
- 오른손으로 문을 연다.
- 고객이 통과하기 쉽도록 90도 정도로 문을 연다.
- 손잡이를 잡고 문 뒤에서 몸의 2/3 정도를 내민다.
- 왼손으로 방향지시를 하며 고객이 먼저 들어가도록 안내한다.

  – "먼저 들어가십시오."
- 고객을 바라보며 밝은 표정으로 안내 후 '쾅' 소리가 나지 않도록 문이 완전히 닫힐 때까지 손잡이를 잡고 있는다.

❷ 미는 문

밀고 들어가는 문을 통과할 때에는 안내자가 먼저 통과한 후 문을 잡고 고객을 통과시키도록 한다.

- 문을 3회 노크한다.

- 문을 밀어서 연다.
- 고객보다 먼저 안으로 들어가서 문의 후면 손잡이를 잡는다.
  - "실례하겠습니다."라고 양해를 구하고 들어간다.
- 오른손으로 손잡이를 잡고 몸을 2/3 정도 내밀어 왼손으로 방향 지시를 하고 고객이 들어오도록 안내한다.
  - "안으로 들어오십시오."라고 말하며 고객을 바라보며 밝은 표정을 짓는다.
- 안에서 문이 완전히 닫힐 때까지 손잡이를 조용히 잡고 있는다.

❸ 미닫이 문

옆으로 밀어서 열고 닫게 되어 있는 문을 말한다.

- 문을 3회 노크한다.
- 고객이 통과하기 쉽도록 문을 옆으로 밀어서 연다.
- 고객이 먼저 들어가도록 안내한다.
  - "먼저 들어가십시오."
- 고객을 바라보며 밝은 표정으로 안내한 후 문이 저절로 닫기지 않도록 하며 '쾅' 소리가 나지 않게 문을 조심해서 닫는다.

❹ 회전문

먼저 들어서서 문을 밀어주는 것이 예의이지만 자동 회전문인 경우에는 고객이 앞서 가도록 한다.

그림 2_ 문 안내 자세

라. 계단(에스컬레이터)

계단을 오르내릴 때는 2~3계단 앞서 안내하는 것이 원칙이다.

- 고객과 함께 이용할 때는 안내자가 항상 앞서서 간다.

– 상사와 함께 계단을 오를 때는 상사를 먼저 오르도록 하고 뒤따른다.

- 우측통행을 한다.

그림 3_ 계단 안내 자세

3. 이동수단에 대한 매너

자동차, 기차, 엘리베이터 등 이동수단을 타고 내릴 때의 매너 또한 중요시되고 있다. 우리에게 다소 생소하게 느껴질 수 있지만 승하차할 때도 모르는 사람과 마주치면 당황하지 말고 미소로 인사하며 승하차 시에 요구되는 매너도 알아두도록 하자.

가. 엘리베이터

엘리베이터를 조작하는 사람이 있을 때는 고객이 먼저 타고 내린다. 엘리베이터를 조작하는 사람이 없을 경우에는 안내자가 먼저 타고 내린다.

- 엘리베이터를 이용하기 전에 고객에게 안내할 곳의 위치를 알려준다.
  - "회의실은 5층입니다.", "3층으로 안내해 드리겠습니다."
- 엘리베이터 내에서 안내자의 위치는 항상 조작버튼 앞이다.

그림 4_ 엘리베이터 배석

그림 5_ 엘리베이터 안내 자세

나. 자동차

오늘날 우리에게 없어서는 안 될 것 중의 하나가 교통수단이다. 사회생활을 하면서 자동차를 이용하는 경우가 많으므로 자동차의 기본 매너를 알아두도록 하자.

- 차의 운전사에 따라 상석의 위치가 다르므로 정확하게 알아두어야 한다. 서열에 맞춰 앉고 아는 사람이 운전하는 경우 옆자리에 앉는 것이 예의이다.
- 여성은 밖에서 시트에 먼저 앉은 후, 다리를 모아서 차안으로 들여놓는다. 내릴 때는 두 다리를 모아서 차 밖으로 내놓은 후에 나온다.
- 노인이나 환자, 부인, 어린이 등이 있는 경우에는 남자가 나중에 타고 먼저 내려서 승하차를 돕는다.

그림 6_ 자동차 배석

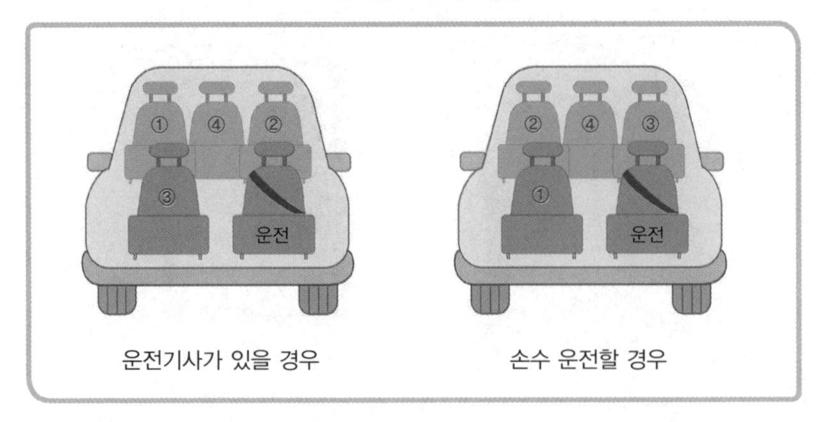

다. 기차

기차는 사람들이 많이 이용하는 공공장소이므로 서로가 배려하는 마음으로 예의를 지켜 다른 승객에게 불쾌감을 주는 행위를 해서는 안 된다.

- 기차, 지하철, 버스 등을 타고 내릴 때에는 내리는 사람이 먼저 내린 뒤에 탑승한다.
- 두 사람이 나란히 앉는 좌석에서는 창가 쪽이 상석이고 통로 쪽이 말석이다.
- 출입구나 통로에 서 있는 것은 가급적 피하고 그곳에 짐을 두지 않는다.
- 큰 소리로 떠들고 웃거나, 쓰레기를 버리는 행위는 절대 삼간다.
- 신문이나 사용한 물건은 다 가지고 내린다.
- 휴대전화는 진동으로 하고 부득이하게 통화해야 할 경우에는, 작은 목소리로 간단히 한다.

그림 7_ 기차 배석

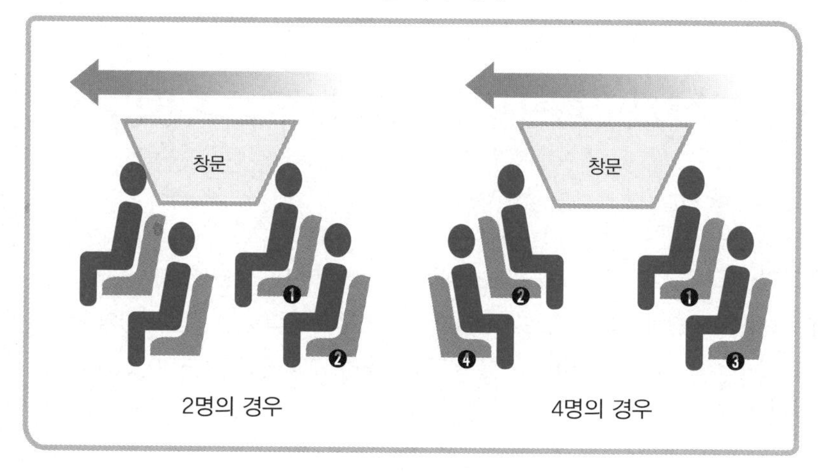

라. 비행기

오늘날에는 비행기를 이동수단으로 이용하는 경우도 많아졌다. 비행기 안에서 지켜야 하는 매너에 대해서도 숙지하여 실수하지 않도록 한다. 항공기내 매너는 글로벌매너 내용에서 더 자세히 알아보도록 하자.

Service Power Story

고객에게 프라이버시(privacy)는 어떤 의미인가?

고객이 가진 고유한 영역을 지켜준다는 점에서 프라이버시 보호는 중요한 서비스 요소이다. 고객에 관련된 것들이 다른 사람에게 노출되지 않도록 입은 무겁게 하되 행동은 민첩하게 하라. 당신이 프라이버시를 지켜주는 만큼 고객이 느끼는 서비스의 가치는 올라간다.

 해당 고객도 모르게 예의를 지키는 방법

진정한 프라이버시는 본인에게조차 표현하지 않는 것이 매너이다. 예를 들어 유명한 TV스타가 호텔에 체크인을 하려고 왔는데 파트너를 동반했다고 하자.

호텔에서는 이 스타가 옆사람과 어떤 관계인지 도대체 동반자는 누구인지에 대해 아예 관심을 갖지 않는 것이 매너이다. 단지 친절하게 체크인만을 도와주는 것이 좋다.

쳐다보는 시선에 호기심이 어리거나 직원들끼리 서로 의미 있는 눈길을 주고받는 것은 서투른 서비스에 해당된다. 혹은 고객이 병원에서 진료를 받을 때 옷을 벗어야 한다면 의사나 간호사가 아무렇지도 않은 척 딴청을 피우거나 다른 일을 처리하는 것처럼 자리를 비우는 것도 방법이다.

 다른 사람에게 해당고객의 사생활을 지켜주는 방법

타인에게 고객에 대한 정보를 흘리지 않도록 스스로 조심하는 것이 중요하다. 예를 들어 공동병실에서 간호사가 수술에 필요한 사항을 체크하면서 해당 환자의 과거병력을 다른 사람이 다 듣도록 질문하는 것은 난센스가 된다.

또한 이때 고객에겐 정말 중요한 프라이버시인데 서비스인이 보기엔 아무렇지도 않다고 생각하여 함부로 공개하는 것도 좋은 서비스가 되지 못한다.

한 고객에 대한 프라이버시는 철저히 지켜주어야 하는데 이때 서비스인은 그 정보를 물어보는 사람도 고객이라는 점을 명심해야 한다.

비밀을 지켜준다고 너무 단호하게 말하거나 무뚝뚝하게 응대하는 것보다 자연스럽게 둘러대는 것이 더 효과적인 서비스가 된다.

『서비스에 승부를 걸어라』 중에서

주차

신뢰를 높이는 매너

세련된 비즈니스 매너

1. 비즈니스 매너의 개념을 이해하고 비즈니스 매너의 중요성을 설명할 수 있다.
2. 비즈니스 매너를 정확하게 사용할 수 있다.

13주차 세련된 비즈니스 매너

오늘날 매너는 사회생활에서 대단히 중요하다. 인간관계나 대인관계에서 중요한 부분인 매너를 지킨다는 것은 상대방을 존경하고 있음을 알리기 위한 동작이나 태도이다. 사회가 점점 복잡해지고 개인과 개인, 기업과 기업, 국가와 국가 간의 교류가 활발해지면서 비즈니스와 관련하여 지켜야 할 예의범절, 이른바 에티켓과 매너의 중요성이 높아지고 있다. 상대방을 공경하고 배려하는 마음은 본인의 인격과 더불어 능력을 배가시켜 주는 것이다.

서비스인과 비즈니스맨들의 품위 있는 언행과 매너는 비즈니스에서 빼놓을 수 없는 지켜야 할 기본적인 요소로, 상대방을 위해서나 자신을 위해서나 필수 불가결한 기본 자질로 간주되고 있다. 아울러 국제화 혹은 세계화 시대를 살아가는 현대인들에게도 반드시 갖추어야 할 기초적인 요소로 자리매김되고 있기도 하다. 세련된 비즈니스 매

- 비즈니스 매너에서 요구하는 것은, 다른 문화에 대한 이해를 바탕으로 주어진 상황에서 적절히 행동하고 세련된 매너로 다른 사람들과 원만하게 교류하는 것이다. 즉 비즈니스 현장에서 상대방의 인격을 존중하고 상황에 맞게 기분을 헤아려주는 배려의 자세이며, 원만한 인간관계를 위한 윤활유이자 성공적인 비즈니스를 위한 처세술이라고 할 수 있다.

너를 익혀 훌륭하고 멋진 서비스를 연출할 수 있어야 한다.

1. 비즈니스 매너의 개념

성공적인 인생에 관한 컨설팅 분야의 세계적 권위자인 데일 카네기(Dale Carnegie)는 "한 사람의 성공은 15%의 전문지식과 85%의 인간관계가 좌우한다."고 하였다. 그만큼 인간관계를 어떻게 형성하느냐는 직장에서의 성공뿐만 아니라 개인적인 삶의 행복에도 큰 영향을 미친다는 의미이다. 인간관계라는 것은 일방적일 수 없고 반드시 쌍방 간에 이루어지는 교류이기 때문에, 관계가 좋아지기 위해서는 기본적으로 다른 사람을 존중하고 배려하려는 태도가 밑바탕이 되어야 하며, 이는 곧 사회생활 속에서 비즈니스 매너라는 형태의 행동방식으로 표출된다.

복잡한 현대사회에서 원만한 인간관계뿐만 아니라 성공적인 사회생활을 하기 위해서는 매너를 갖추는 것이 필수사항이 되었으며, 특히 다양한 분야에서 국제화, 세계화가 이루어지고 있는 오늘날에는 그에 걸맞은 비즈니스 매너를 갖추는 것이 무엇보다 중요해지고 있다. 비즈니스 매너는 사회생활 속에서 개인의 가치를 높이는 하나의 노력이며, 직장생활과 비즈니스에서 성공으로 가는 길잡이 역할을 한다.

비즈니스 매너 상황

- 차 대접
- 소개
- 악수
- 명함 전달
- 물건수수

2. 차(茶) 대접

정성이 담긴 한 잔의 차는 긴장된 분위기를 풀어주고 마음을 편안하게 해주는 효과가 있어 고객과의 원활한 대화를 진행하는 데 윤활유가 될 수 있다. 진심이 담긴 한 잔의 차는 상담의 분위기를 매끄럽게 할 뿐만 아니라 기다리는 고객에 대한 관심의 표현이 된다. 정중하고 예의 있는 차 대접을 알아보자.

가. 차를 내기 전의 준비

- 몸가짐은 단정하고 손은 청결해야 한다.
- 찻잔에 이가 빠졌거나 금이 가 있지는 않은지 점검한다.
- 찻잔과 받침은 고객 숫자만큼 준비한다.
- 내용물이 적당한 온도, 적당한 농도로 7할 정도의 분량으로 준비한다.
- 쟁반이 더럽거나 젖지 않았는지 점검한다.
- 찻잔의 손잡이 및 티스푼을 찻잔 받침의 오른쪽에 오도록 준비한다.
- 자주 오는 고객의 취향을 미리 알아두도록 하고, 그렇지 아니한 경우 고객에게 직접 물어보아 취향에 맞는 차를 대접한다.

나. 차 대접 순서

- 노크한 뒤에 들어가서 인사한다.
- 들어간 다음 조용히 문을 닫고 '실례합니다'라고 인사한다.
  - 상사와 고객이 말씀을 나누는 중에는 인사말을 생략하는 것이 좋다.
- 고객에게 먼저 차를 낸다.
  - 자기 직장 사람이 아무리 상위자라도 차 대접은 고객부터 한다.
  - 고객이 여럿일 때에는 고객 중 손윗사람부터 낸다.

- 찻잔을 옮길 때는 소리 나지 않도록 조용하게 하며 양손으로 고객 앞에 정중히 전달하도록 한다.
  - 차를 낼 때는 고객의 기준으로 스푼 손잡이가 오른쪽으로 오게 하여 찻잔 앞에 놓고 찻잔의 손잡이는 오른쪽으로 가게 한다.
- 회의 같은 좌석에서 커피 등의 설탕을 미리 타서 낼 때는 찻잔의 손잡이가 오른쪽으로 가게 놓는다. 그리고 서류나 물건 등의 위에는 놓지 않도록 유의해야 한다.
- 다과를 낼 때는 과자, 과일류는 고객 왼쪽에 놓고, 차는 오른쪽에 놓는다.
- 차를 낸 다음 쟁반은 눈에 띄지 않게 옆에 낀다.
- 고객에게 등을 보이지 않게 한두 걸음 뒷걸음쳐서 조용히 나온다.

3. 소개 매너

우리는 생활하면서 끊임없이 인간관계를 맺어 나간다. 그래서 사회생활을 하다 보면 늘 다른 사람들을 만나고 자신을 소개할 일이 많다. 소개란 서로 알지 못하는 사람들 사이에서, 서로에 대해 알 수 있도록 설명해 주는 것이다. 소개자를 통해 자신이 소개받게 되는 경우도 있고 자신이 소개자가 되어 사람들을 소개해야 하는 경우도 있다. 사람들은 만남을 통해서 인맥을 형성한다.

어떤 장소에서 누구에게 소개받았느냐에 따라 상대에 대한 이미지가 결정되기도 하고, 자신이 누군가를 소개해 주는 입장이 되었다가 크나큰 실수를 범하기도 한다. 이렇듯 소개는 인간관계에 있어 처음 시작을 어떻게 맺어 나가는지에 중요한 역할을 한다. 따라서 성별과 지위에 맞는 적절한 소개 매너에 대한 이해가 필요하다.

그림 1_ 소개 시의 자세와 순서

가. 소개하는 순서

- 손윗사람에게 손아랫사람을 소개한다.
  - 지위가 높은 사람에게 지위가 낮은 사람을
  - 연장자에게 연소자를
  - 선배에게 후배를
- 이성 간에는 여성에게 남성을 소개한다.
- 기혼자에게 미혼자를 소개한다.
- 손님에게 집안사람을 소개한다.
- 고객(외부인)에게 회사동료를 소개한다.
- 한 사람을 많은 사람에게 소개할 때에는 사내의 지위가 높은 사람부터 낮은 사람의 순으로 소개한다.
- 지위나 연령이 같을 경우에는 자기와 친한 사람, 가까운 관계에 있는 사람부터 소개한다.
- 연령과 사회적 지위가 각각 다를 경우에는 사회적 지위를 우선하는 것이 일반적인 예의라고 할 수 있다.

나. 소개 시의 자세

자기소개는 단순히 자신의 이름이나 소속을 상대에게 전달하는 정도로 그쳐서는 안 된다. 상황에 맞게 여러 가지 패턴을 미리 만들어

두었다가 그때그때 적용하면 좋다.

- 소개 시에는 모두 일어나는 것이 원칙이다.
  – 환자나 노령자는 제외이다.
- 소개 후 남성 간에는 악수를 교환하고 이성 간에는 목례로 대신한다.
- 직업이 서로 다른 사람을 소개할 경우에는 간단한 소개사항을 융통성 있게 덧붙이는 것도 효과적이다.
- 소개할 때에는 자신의 이름을 정확하게 전달하고, 상대의 이름을 주의해서 듣도록 한다. 이름을 정확하게 못 들었을 경우에는 본인에게 묻지 말고 제3자에게 확인하도록 한다.
- 초면인 경우 예술, 뉴스, 스포츠, 여행 등 가벼운 화제로 대화하며 정치와 종교, 금전과 관련된 화제는 금기사항에 속한다.
- 대형장소에서는 주위 사람들에게 작은 소리로 작별인사를 한다.
  – 인원이 적을 경우 소개받은 모든 사람들에게 작별인사를 한다.
- 작별인사를 할 때도 일어선다.

표 1_ 소개 매너 방법

누가 먼저	누구에게 소개되나	주의해야 할 점
연소자	연장자	연소자이지만 직책이 높을 경우 직책이 낮은 연장자가 먼저 소개된다.
남성	여성	우리나라를 비롯한 아시아권에서는 아직도 남성이 여성보다 우선시되고 있다.
여성	손님	여성보다 손님이 우선
여성	서열이 아주 높은 남성 또는 성직자	
서열이 낮은 사람	서열이 높은 사람	직위가 나이보다 우선
집안 사람	손님과 윗사람	
미혼자	기혼자	
모든 직책 / 연령의 사람	손님	비즈니스 시에는 무조건 손님이 어떤 높은 직책의 사람보다 우선이다.

자료 : 글로벌 매너 완전정복, 오흥철·함성필·Dury Chung·곽병휴·윤승자·유나연·박소영, 학현사

4. 악수 매너

악수(握手)는 세계 거의 모든 나라에서 통용되는 가장 보편적이며 일반적인 인사법이다. 악수(Handshake)는 상호 간의 정과 호감을 표현하는 것으로 서양에서는 악수 사양하는 것을 불쾌하게 생각한다. 악수는 손을 잡음으로써 마음의 문을 열고 일체감을 나타내는 의미가 있으므로 정중하게 해야 한다.

악수의 유래가 정확하지는 않지만 고고학적 유물이나 고대 자료를 보면 악수는 신에게서 지상의 통치자에게 권력이 이양되는 것을 의미했다. 이것은 이집트 시대의 동사인 '주다'라는 표현이 상형문자로 손을 내민 모양을 나타낸다. AD 30~25년 로마 네르바(Nerva) 시대의 동전에 악수하는 그림이 있고 현재 영국박물관에서 소장한 기원전 70~38년에 헬라클레스와 안티오크스 1세가 협정을 위해 악수하는 장면이 새겨진 비석이 있다. 악수는 월터 롤리(Walter Raleigh) 경에 의해 16세기 말 영국 법정에 소개되었다고 주장하는 사람도 있으며, 손에 무기를 지니고 있지 않음을 보여줌으로써 화해 평화를 위한 제스처에서 유래를 찾는 사람도 있다.

유래가 어떻든 간에 악수는 두 사람이 손을 맞잡고 이후 맞잡은 손을 위아래로 흔드는 의식적인 행위로 오늘날 만날 때, 헤어질 때, 축하할 때, 합의를 이끌어냈을 때 그리고 스포츠에서는 좋은 스포츠맨십을 나타내는 표시로 행해진다. 악수의 목적은 신뢰와 균형, 평등을 위한 것이며 선의를 보이기 위한 것이다. 악수는 비교적 짧은 시간에 이루어지지만 그 인상은 오래 남는다는 사실을 기억하고 악수하는 방법을 익혀 결례가 되는 일이 없도록 주의해야 한다.

가. 악수하는 순서

- 연장자가 아랫사람에게
- 상급자가 하급자에게

- 선배가 후배에게
- 기혼자가 미혼자에게
- 파티의 호스트가 파티의 초대자에게
- 여성이 남성에게 청하는 것이 일반적인 원칙
- 남성은 여성이 먼저 청하지 않는 한 여성과 악수하지 않음
- 국가 원수, 왕족, 성직자 등은 악수의 일반적인 순서와 상관없이 먼저 청할 수 있음

나. 올바른 악수법

❶ 자세

악수하면서 지나치게 머리를 숙이며 굽실거리는 행동은 비굴하게 보이므로 바람직하지 않다. 악수는 수평적인 악수이기 때문에 허리를 숙이지 않고 바르게 세우고 한다. 하지만 대통령이나 왕족을 대하는 경우에는 머리를 숙인다.

❷ 시선처리

악수를 하는 동안은 상대의 눈을 보면서 밝은 표정을 한다. 감정교환의 중요한 수단인 상대방의 시선을 피하는 것은 상대의 의견을 무시하는 행위로 간주된다.

❸ 손을 잡을 때

- 반드시 오른손으로 한다. 단, 오른손에 부상이나 장애가 있을 경우에는 왼손으로 한다.
- 남녀 모두 장갑을 벗는 것이 원칙이다. 행사를 위해 착용하고 있는 장갑은 무방하다.(드레스용, 웨딩용 장갑) 또한 여성은 장갑을 끼고 악수를 해도 무방하다.
- 너무 꽉 잡지 않고 적당한 힘으로 잡아준다.
- 2~3회 흔든다. 너무 오래 잡고 흔든다든가 하는 과장된 행동은 아부나 아첨으로 보일 수 있다.

- 두 손으로 감싸는 것은 좋지 않다.
- 상대방이 지나치게 세게 잡을 경우 그리고 너무 오래 잡고 있을 때는 갑자기 빼지 말고 손의 각도를 위로 해서 손을 빼겠다는 표현으로 한 번 톡 치면서 가볍게 뺀다.
- 손에 땀이 많이 났을 경우에는 양해를 구하거나 손수건으로 닦은 뒤에 악수한다.

그림 2_ 올바른 악수법

다. 올바르지 못한 악수 예절

- 상대방의 손을 너무 꽉 쥐거나 너무 가볍게 쥐어서는 안 된다. 너무 느슨하게 힘이 없는 악수(Dead Fish)를 하면 상대방이 언짢아할 수도 있다. 반대로 지나치게 세게 잡는 악수(Bone Crush)도 기분이 상할 수 있다.
- 지위가 낮거나 나이가 적은 사람이 손을 흔들어서는 안 된다.
- 상대방의 손바닥을 손가락으로 긁어서는 안 된다.
- 특별한 경우가 아닌 한 왼손으로 악수를 청하지 않는다.
- 손에 물기가 있거나 오물이 묻은 상태에서 악수를 하지 않도록 한다.
- 정중한 인사를 할 경우에는 굳이 악수를 하지 않아도 무방하다.
- 일반적으로 조문을 할 경우에는 악수하지 않는다.
- 악수의 형식은 관습이나 문화에 따라야 한다.

그림 3_ 올바르지 못한 악수법

표 2_ 악수를 해야 하는 상황과 피해도 되는 상황

악수를 해야 하는 상황	악수를 피해도 되는 상황
• 소개받았을 때 • 작별인사를 할 때 • 사무실에 손님이 왔을 때 • 사무실을 방문했을 때 • 사무실에 아는 사람이 있을 때 • 외부손님과 함께 참석한 자리에서 떠날 때	• 상대가 악수를 할 수 없을 때 • 감기나 다른 병에 걸렸을 때 (양해를 구한다) • 손이 더러울 때

자료 : 서비스매너, 장순자, 백산출판사의 p. 115 내용을 재구성

5. 명함 매너

명함은 16세기경 독일에서 사용되었다고 전해지고 있다. 1560년 베네치아에 있던 독일 유학생이 공부를 마치고 귀국할 무렵 신세를 진 교수를 방문할 때 부재 중인 교수 연구실에 자신의 이름을 쓴 종이쪽지를 두고 왔는데, 이것이 서양의 명함에 대한 가장 오래된 기록으로 여겨지고 있다. 그러나 명함에 대한 풍습 자체는 중국에서 그보다 훨씬 이전부터 행해졌을 것으로 추정하고 있으며, 프랑스 루이 14세 때에는 사교계의 귀부인들이 트럼프 카드에 자기 이름을 써서 왕에게 올렸다는 기록도 있으며 이때부터 18세기 말까지 전 유럽에 명함이 보급되었다고 한다.

현대인들은 사회생활을 하면서 모르는 사람을 처음 대면할 때 인사와 함께 명함을 서로 교환한다. 명함을 사용하는 목적은 상대방에게 자신의 신분을 보다 정확하게 인식시키는 것이다. 이처럼 명함은 첫 대면에서 자신의 인격과 자신이 속해 있는 직장을 대표하는 얼굴 역할을 하므로 명함을 제작하고 사용하는 일에 세심한 주의가 필요하다.

가. 명함의 중요성

- 명함 하나를 주고받는 제스처만 보더라도 그 사람의 태도를 짐작할 수 있다.
- 명함은 자기소개서와 같다.
- 명함은 인맥관리의 첫걸음이다.
- 명함으로 품위를 보여준다.
- 명함으로 자신을 최대한 보여줄 수 있다.

나. 명함 교환 매너

명함 교환은 사회생활의 중요한 성과가 될 수 있으므로 정중하게 명함을 교환하는 매너를 갖추어야 한다. 명함은 항상 여유 있게, 명함을 위한 명함지갑에 소지한다.

❶ 명함 교환 순서

- 명함을 건넬 때는 일반적으로 아랫사람이 먼저, 방문했을 경우에는 방문한 사람이 먼저 건네는 것이 예의이다.
- 상대가 다수인 경우, 상대방 중 가장 지위가 높은 사람부터 명함을 교환한다.

❷ 명함을 상대방에게 줄 때

- 명함은 명함지갑에서 꺼내고 명함집에 명함은 거꾸로 넣어두고 한번에 꺼내어 상대에게 바로 전해질 수 있도록 준비한다.
- 명함은 깨끗한 상태로 여유 있게 준비하며 남성은 가슴 포켓 또는 양복 명함 주머니에, 여성은 핸드백에 넣어둔다.
- 반드시 일어서서 두 손으로 건네준다.
- 먼저 자신의 소개를 짤막하게 한 뒤에 건네주는 것이 좋다.
- 명함을 건네는 위치는 상대방의 가슴 높이 정도가 적당하다.
- 반드시 읽기 편하게 자신의 이름이 상대방 쪽을 향하게 한다.

- 만약 식사 중 사람을 알게 될 경우 식사 중에는 명함을 건네지 않는 것이 예의이다. 식사가 끝날 때까지 기다려야 하며, 저녁 파티에서는 상대방이 먼저 명함을 요청하지 않으면 꺼내지 않는 것이 원칙이다.

❸ 명함을 상대방으로부터 받을 때

- 서서 받는다.
- 받을 때에도 두 손으로 받고, 받은 명함은 정중히 다루어야 한다.
- 명함을 받은 후에 반드시 이름을 소리내어 읽어 확인한다. 상대에게 받은 명함을 그 자리에서 확인하는 것이 중요한 매너이다. 이때 명함에 적힌 상대방의 이름을 외우는 것이 좋다.
- 받은 명함의 이름이 어려운 한자이거나 외국어일 때는 즉석에서 확인하여 나중의 실수를 막는 지혜가 필요하다.
- 자신의 명함을 준비하기 전에 상대의 명함을 받게 될 때에는 받은 후에 바로 명함을 건넨다.
- 상담 시에는 테이블 위 왼쪽 하단에 올려놓고 보면서 이야기한다.
- 받은 명함에 낙서하지 않는다.
- 명함이 떨어진 것을 알았을 때는 상대방이 명함을 건네기 전에 미리 이야기해서 결례를 사과하고, 필요에 따라서는 이름과 전화번호 정도를 적은 메모를 건네준다.

❹ 올바르지 못한 명함 매너

- 한 손으로 받는 경우
- 명함을 든 손이 허리 아래로 내려간 모습
- 받은 명함을 만지작거리거나 부주의로 떨어뜨리는 행위
- 명함을 받은 후 보지도 않고 주머니에 넣거나 명함지갑에 넣는 경우
- 대화를 끝내고 받은 명함을 테이블 위에 두고 가는 경우

6. 물건 전달 매너

일상생활 속에서도 누군가에게 신문이나 물건 등을 건네줄 때, 상대방이 손을 미리 떼어버려 바닥에 물건을 떨어뜨린 경험이 있을 것이다. 서비스인이 제공하는 모든 물건은 소중한 고객의 자산이 된다. 따라서 서비스인의 경우 고객의 물건을 소중히 여기는 마음으로 취급한다면 물건과 함께 마음을 전하는 따스함이 자연스럽게 느껴지리라 생각한다.

가. 물건을 드릴 때

- 전달받을 고객과의 거리를 확보한다.
- 반드시 두 손을 사용하도록 한다.
- 밝은 표정과 함께 시선을 마주친다.
- 물건명을 말한다.
- 정면으로 마주하고 건넨다.
- 전달하며 '고객의 눈 → 물건 → 고객의 눈' 순으로 옮긴다.
- 상체를 10도 정도 가볍게 굽힌다.
- 작은 물건일 경우, 한 손으로 다른 한쪽 손의 밑에 받쳐 전달한다.
- 받는 사람의 편의를 최대한 고려하여 전달한다. 책의 경우 글자 방향이 상대방을 향하도록 하고, 펜은 바로 사용하기 편리하도록 전달한다.

나. 물건을 주울 때

- 떨어진 물건의 좌측에 선다.
- 한 쪽 발(물건에서 먼 쪽)을 조금 비껴서
- 무릎을 굽히고(등/허리는 편 채) 줍는다.
- 엉덩이를 위로 올리거나, 엉거주춤한 자세는 삼간다.

Service Power Story

새 습관을 몸에 익히는 방법 7가지

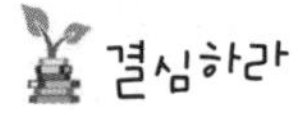

결심하라

항상 특정 방식으로 행동한다고 단단히 결심하라.

예를 들어, 매일 아침 일찍 일어나 운동을 하겠다는 결심을 하면, 그 시간에 자명종 시계가 울리도록 하라. 시계가 울리면 즉시 일어나 운동복으로 갈아입고 운동을 시작하라.

예외를 인정하지 마라

새 습관의 형성기에 예외를 인정하지 마라.

핑계를 만들지 말고 합리화하지 마라. 의무를 저버리지 마라. 매일 아침 6시에 일어나기로 결심하면, 자동적인 습관이 될 때까지 6시에 일어나는 연습을 반복하라.

다른 사람에게 말하라

특정한 행동 습관을 익히는 중이라고 주변 사람들에게 말하라.

결심을 밀고 나가는 당신을 지켜보는 사람이 있다고 생각할 때, 당신은 놀랄 만큼 굳은 결심으로 원칙을 지켜나간다.

새로운 자신을 시각화하라

마음의 눈으로 특정한 방식으로 행동하는 자신을 보라.

새 습관을 이미 익힌 당신의 모습을 더 자주 시각화하고 상상하라. 새 습관은 더 자주 시각화할수록, 더 빨리 무의식 속으로 들어가고 자동적인 버릇이 된다.

확언하라

스스로 반복해서 확언하라. 습관을 형성하는 속도를 높여줄 것이다.

예를 들어 "나는 매일 아침 6시에 일어나 일을 시작할 거야!"라고 말할 수 있다. 자기 전에 이 말을 반복하라. 대부분의 경우 시계가 울리기 전에 저절로 깨기 때문에 곧 자명종 시계가 필요 없어질 것이다.

굳은 결심으로 밀어붙여라

결심한 일을 하지 않으면 불편함을 느낄 정도로, 새 습관이 자동적이고 쉬운 일이 될 때까지 계속 연습하라.

자신에게 보상하라

가장 중요한 일은 새 습관을 익히는 자신을 잘 대우하는 것이다.

스스로에게 보상을 할 때마다 행동을 재확인하고 강화하게 된다. 무의식 속에서 보상의 즐거움을 만끽하는 것이다. 행동이나 결심의 성과로 얻는 긍정적 결과에 대해 강한 애착을 보일 것이다.

『자기계발사전』 중에서

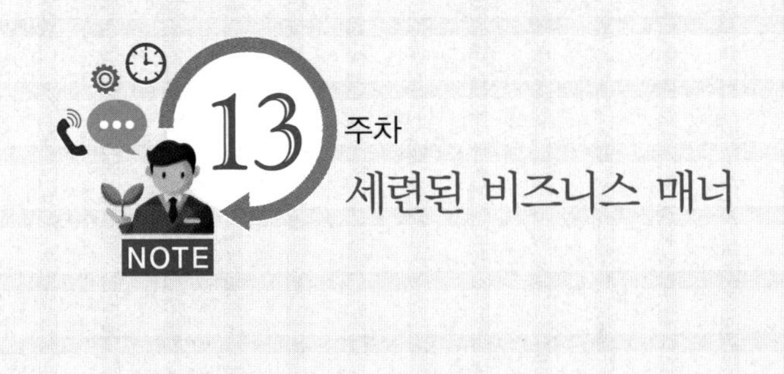

13주차 세련된 비즈니스 매너

심화 및 향상 평가

1. 8~13주차 교육의 학습 성과를 달성하기 위해 필요한 지식을 평가한다.
2. 8~13주차 교육 내용을 이해하고 설명할 수 있다.

심화 및 향상 평가

1. 바르게 선 자세의 기본인 공수(拱手)에 대해 설명해 보라.

2. 올바른 인사법을 단계별로 설명해 보라.

3. 인사의 종류 3가지에 대해 설명해 보라.

4. 올바른 인사의 5가지 포인트에는 어떠한 것들이 있는가.

5. 커뮤니케이션 유형을 구분하여 설명해 보라.

6. 호칭을 상황과 상대방에 따라 구분하여 사용할 수 있는가.

7. 서비스 커뮤니케이션에서 명령형을 의뢰형 화법, 부정형을 긍정형 화법으로 활용할 수 있는가.

8. 쿠션언어에는 어떠한 것들이 있는가.

9. YES의 미학, Yes/But 화법, 눈높이 대화법을 구분하여 설명해 보라.

10. 고객에게 효과적으로 칭찬하는 방법 3가지를 설명해 보라.

11. 바람직한 경청태도를 단계별로 설명해 보라.

12. 전화의 특성 3가지를 설명해 보라.

13. 전화응대의 기본원칙 3가지를 설명해 보라.

14. 전화응대 시 발신·수신 매너를 작성해 보라.

15. 찾는 사람이 부재 중일 때 전화 메모 양식을 작성해 보라.

16. 전화응대 시 마무리 인사에는 어떠한 것들이 있는가.

17. 에티켓과 매너의 차이점을 표로 작성해 보라.

18. 장소별 안내 매너를 정확하게 활용할 수 있는가.

19. 상석을 이해하고 활용할 수 있는가.

20. 이동수단에 대한 매너를 정확하게 활용할 수 있는가.

21. 차 내기 전 준비에 대해 설명해 보라.

22. 차 대접 순서를 설명해 보라.

23. 소개 매너에서 소개하는 순서를 정확하게 활용할 수 있는가.

24. 악수 매너에서 악수하는 순서에 맞게 올바른 악수법을 정확하게 활용 할 수 있는가.

25. 명함과 물건 전달 매너를 정확하게 활용할 수 있는가.

피노키오 효과

거짓말을 하면 실제로 인간의 코가 커진다는 사실이 밝혀졌다. 거짓말은 사람을 긴장하게 만들고 이 때문에 혈압이 상승해 코가 팽창하고 코끝이 가렵게 된다. 간지러움을 해소하기 위해 손으로 코를 만지게 되는데, 거짓말을 할 때 자주 취하는 동작이다. 이런 증상은 흥분하거나 불안하거나 화가 났을 때도 똑같이 나타난다.

귀 만지기는 들을 만큼 들었다는 표시거나 이제는 자신이 말을 하고 싶다는 뜻이다. 하지만 귓불 아래쪽 목을 긁적인다면 상대가 동의하는지 아직 확실치 않아 불안감을 느끼는 것이다.

옷의 목둘레를 잡아당기는 것은 거짓말을 하면서 상대가 의심할지 모른다는 생각에 혈압이 상승하면서 목 근처에 땀이 나기 때문이다.

손을 얼굴 가까이 가져가는 행위는 대부분 거짓말이나 속임수와 관련이 있는데, 입에 손가락을 넣는 것은 안정감에 대한 욕구의 표현이므로 상대가 이런 몸짓을 한다면 확신을 심어주고 안심할 수 있도록 만들어주는 것이 좋다.

한편 뇌에서 멀리 떨어져 있는 신체부위일수록 감정을 솔직하게 드러내는 반면, 스스로는 무엇을 하고 있는지 쉽게 인식하지 못한다. 즉 발과 다리는 거짓말을 하기 힘들다. 소개팅에 나갔다고 하자. 상대방이 마음에 들면 당신의 다리는 상대를 향해 있을 것이다. 마음에 들지 않는다면 한쪽 발이 나가고 싶은 방향, 혹은 문을 향해 있을 것이다. 당신이 후자의 자세로 서서 대화를 나눈다면 상대방은 비언어에 대한 지식이 없어도 당신이 자신과 대화하고 싶지 않다는 것을 본능적으로 느끼게 된다.

핸드폰을 자주 만지작거리는 행동은 두 가지 상반된 이미를 내포한다. 바쁜 사람이라는 이미지를 주기도 하지만, 마음이 불안해 주위의 접근을 막는 방어행동이기도 하다.

『메라비언 법칙』 중에서

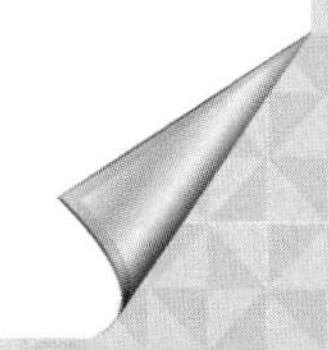

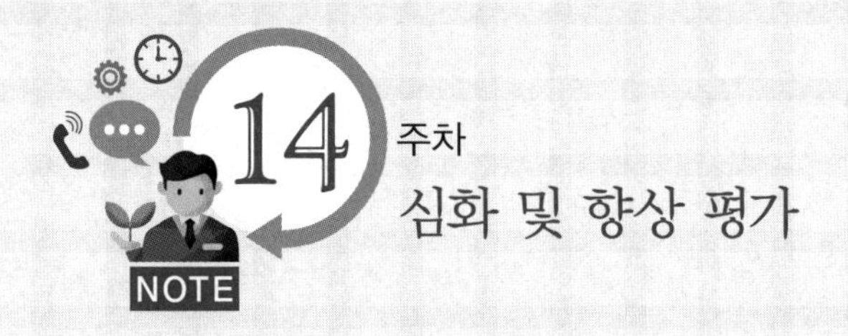

14주차 심화 및 향상 평가

글로벌 매너(심화/향상 교육)

1. 글로벌 매너의 중요성을 이해하고 장소에 따른 글로벌 매너에 대하여 설명할 수 있다.
2. 글로벌 매너를 정확하게 사용할 수 있다.

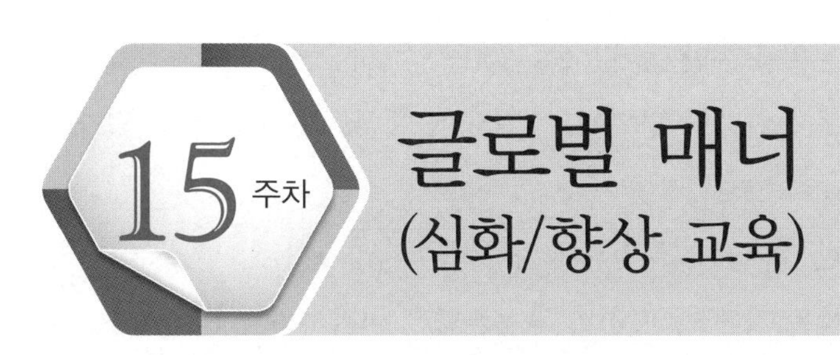

오토 폰 비스마르크는 “공손하라. 외교적으로 글을 써라. 심지어 전쟁을 선포할 때조차도 공손해야 한다는 규칙을 지켜야 한다”라고 예절의 당위성을 역설하고, 에머슨은 “어떤 일을 할 때에는, 심지어 계란 하나를 삶을 때에도 최선의 방법은 있기 마련인데, 예절은 일을 하는 행복한 방법이다”라고 말하고 있다. 매너, 곧 예절은 ‘사람과의 관계’라는 기계에서 윤활유와도 같고, ‘사람들과의 관계’에서 가끔씩 생겨날 수 있는 충돌을 완화시켜 주는 스펀지와도 같은 것이다.

예절의 중요성에 대해는 동서고금을 막론하고 여러 가지 방법으로 말하고 있다. 다음의 속담과 명언 속에서 글로벌 매너의 필요성에 대해 살펴볼 수 있다.

① 참된 인간이 되려면 예절을 배우라 _ 『예기(禮記)』

② 위대한 사람일수록 예의가 더욱 바르다 _ 알프레드 로드 테니슨

✿ 예절의 기본원리는 테오도르 폰타네의 말처럼 “남을 행복하게 만드는 것을 자신의 최고의 행복으로 삼는 것”이다. 특히 글로벌 시대에는 문화 차이에서 오는 오해를 줄이고, 서로에 대한 이해와 관용의 정신을 높이기 위해서 글로벌 매너가 반드시 필요한 것이다.

③ 예절은 비용을 안 들이고 모든 것을 얻는다 _ 메리 워틀리 몬테규

④ 여자는 용기로도 정복할 수 있지만, 예절로도 정복할 수 있다 _ 알프레드 로드 테니슨

⑤ 공손한 것이 논리적인 것보다 낫다 _ 엔리 휠러 쇼

⑥ 공손함은 지혜요, 따라서 불공손함은 어리석음이다 _ 아르투르 쇼펜하우어

⑦ 공손함이 얼마나 허물을 덮어주는지 모른다 _ 셰익스피어

⑧ 예의가 없는 곳에 명예도 없다 _ 독일 속담

⑨ 공손하면 오래 산다 _ 순자

⑩ 무엇이든 남에게 대접받고자 하는 대로 너희도 남을 대접하라 _ 성경

오늘날 사회적으로 나타나는 현상은 경제의 발달로 개인의 국민소득이 향상되고, 또한 개인의 활동범위가 넓어지면서 다양화됨에 따라 여행이나 출장 등 해외로 출국하려는 사람들이 많아졌다. 우리 문화를 외국인에게 제대로 잘 알리기 위해서는 글로벌 매너를 잘 이해해야 할 것이며, 또한 우리나라와 외국인과의 원활한 관계를 이루기 위해서는 각 나라의 생활문화도 잘 이해해야 할 것이다.

1. 공항 매너

해외로 출장 가거나 여행갈 때 공항에 도착해서 탑승할 때까지의 에티켓을 알아보자.

- 공항에는 항공편 출발 2시간 전까지는 도착해서 출국수속을 하도록 한다.
- 수화물의 무게는 여행지에 따라 항공사마다 다르므로 사전에 확인하도록 한다.

- 기내 반입 휴대품목에 한하여 휴대하도록 하며, 귀중한 휴대품은 반출신고서를 작성하여 세관신고를 하고 반출하도록 한다.
- 보안검색과 출국수속 시에는 질서를 지키고 대기선에서 순서를 기다린다.
- 항공편 출발시간 30분 전에는 탑승해야 하므로 시간에 늦지 않게 게이트 근처에서 기다린다.
- 공항 내에서는 다른 사람에게 방해되지 않도록 큰 소리로 말하거나 뛰어다니지 않는다.

그림 1_ **입국절차와 출국절차**

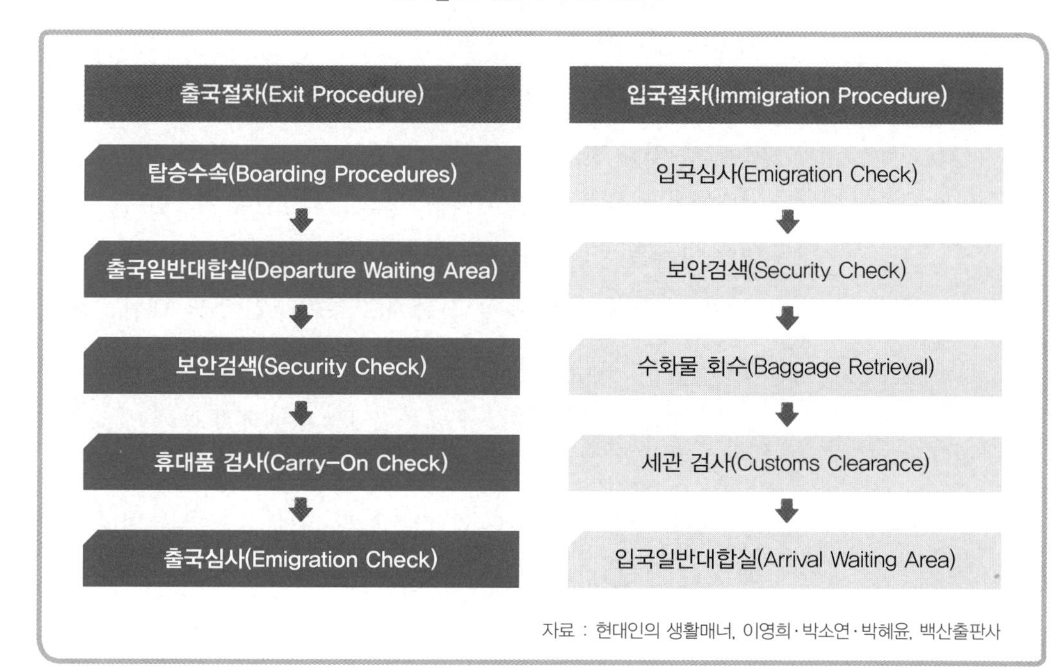

자료 : 현대인의 생활매너, 이영희·박소연·박혜윤, 백산출판사

2. 항공기 내 매너

항공기 내는 다양한 문화적 배경을 가진 사람들이 좁은 공간에서 장시간을 같이 보내야 하므로 서로 간의 이해와 배려가 절대적으로

필요한 공간이다.

- 기내에 들어가면 탑승권에 기재된 좌석을 찾아 앉는다. 좌석 찾기가 어려울 때는 승무원에게 부탁하여 안내를 받는다. 좌석은 창측(window seat)과 통로측(aisle seat)이 구분되어 있으므로 확인하고 앉는다.
- 짐은 정리하여 선반 위에 올리고 떨어질 위험이 있는 무거운 짐이나 깨질 수 있는 물품은 선반에 두지 않고 앞좌석 아래에 두도록 한다.
- 이륙 사인이 있으면 안전벨트(safety belt)를 매고 좌석 등받이를 세운다. 안전벨트는 완전히 이륙하여 벨트를 풀어도 좋다는 사인이 있을 때까지 매고 있어야 한다.
- 기내에서 슬리퍼를 신는 것은 괜찮지만, 맨발로 통로를 다니는 것은 금물이다.
- 기내에서 옷을 바꿔 입을 때는 반드시 화장실을 이용한다.
- 내의 바람을 한다거나 양말을 벗는 행위, 신발을 벗은 채 기내를 돌아다니는 행위 등 다른 사람에게 불쾌감을 주는 행위는 하지 않는다.
- 빈자리로 옮길 때는 반드시 승무원에게 양해를 얻은 후에 옮기도록 한다.
- 승무원을 부를 때는 승무원 호출버튼(call button)을 누르거나 통로를 지날 때 가볍게 손짓을 한다.
- 이착륙 시 휴대전화나 휴대용 전자기기 등의 사용은 안전상의 문제가 되므로 안내 지시사항을 반드시 지켜야 한다.
- 창 측이나 중간좌석에 앉은 사람은 드나들 때 옆사람에게 폐를 끼치게 되므로 꼭 필요한 일 외에는 자리를 뜨지 않도록 한다.
- 식사 시에는 좌석의 등받이를 세우고, 식사용 간이테이블을 편다.
- 승무원으로부터 서비스를 받을 때는 “Thank You” 하고 고맙다는 표시를 한다.
- 화장실에 들어가면 반드시 문을 잠가야 한다. 그래야 화장실 밖

에 ‘사용 중(occupied)’이라는 표시가 나타난다. 만약 문을 잠그지 않은 경우 ‘비어 있음(vacant)’이라는 표시가 되어 다른 사람이 문을 열게 되므로 주의해야 한다.

- 항공기 여행은 장시간을 좁은 의자에 앉아 있어야 하기 때문에 발이 붓고 피로하기 쉬우므로 복장과 신발 등은 편안한 것으로 하고, 또한 기내 체조로 몸을 움직여주는 등 건강관리에도 각별히 신경을 써야 한다.
- 전 비행기 내에서는 흡연이 금지되어 있으므로 이를 반드시 준수한다.
- 기내의 온도는 매우 건조하다. 피부의 탄력을 위해서는 스킨과 로션을 충분히 바르는 것이 좋고, 그 밖에 청량음료를 자주 마시면 피부의 탄력을 유지하는 데 도움이 된다.

표 1_ 여행 시 자료 및 옷가지 관련 준비물

관련 물품	내용
여권	해외여행의 필수품. 사진이 있는 1면은 복사해서 여권과 별도로 두고 안전한 방법으로 챙긴다.
항공권	출국과 귀국 날짜, 노선, 유효기간을 확인해 둔다. 복사본을 보관한다.
한국 돈	공항세와 출입국 시의 왕복 교통비 정도를 챙긴다.
현지 돈	팁이나 교통비, 간식비, 입장료 등의 소액 지출용으로 필요하다.
신용카드	신분증명도 되고 만일의 경우에 대비해 꼭 가져간다.
여행자수표	여행자수표와 현금의 비율은 7:3 정도가 적당하다.
여행자 보험증	패키지 여행일 경우엔 별도로 챙기지 않아도 된다.
국제학생증	신분증명과 할인 혜택도 있으므로 챙기는 것이 좋다.
국제운전면허증	렌터카로 여행할 사람은 국내면허증과 함께 가져간다.
예비용 사진	여권 분실 등 만일에 대비하여 2~3장 정도 준비한다.
소형계산기	환율계산이나 예산산출에 요긴하게 쓰인다.
필기도구와 수첩	여권, 여행자수표, 신용카드, 현지 주요기관 등의 번호를 적는다.
카메라	카메라 충전기나 건전지 등을 준비한다.
사전과 회화집	여행자의 필수품으로 얇은 것을 준비한다.

옷가지 관련 물품	내용
속옷	호텔 등에서 빨 수 있으므로 기본적인 것만 필요하다.
셔츠와 바지	세탁하기 쉬운 것으로 2벌 정도 준비한다.
재킷과 카디건	냉방차 및 비행기를 타거나 비 올 경우에 대비하여 준비한다.
모자와 선글라스	햇빛이 강하므로 필수품이다.
수영복	여름철이나 수영장이 있는 호텔에 묵을 때는 가져간다.
비옷과 우산	가볍고 작은 것으로 준비한다.
장갑	겨울철 여행의 필수품이다.
신발	발에 익숙해져 걷기 편한 것으로 운동화나 캐주얼 신발이 적당하다.
잠옷	다른 옷으로 대신해도 좋다.

자료 : 국제비즈니스매너, 성현선·정지선, 새로미

3. 호텔 매너

숙박시설이란 관광호텔을 의미하는 것으로 여행하는 사람은 호텔을 이용하게 되는데, 숙박시설 운영자는 가능하면 국제적인 설비와 서비스를 제공하기 위해 노력하고 있다. 따라서 여행하는 사람은 숙박시설을 이용하거나 서비스를 제공받을 경우 지켜야 할 여러 가지 에티켓을 알고 있어야 한다.

가. 예약

문화인으로서 모든 서비스를 제공받기 위해서는 반드시 사전예약이 필수적이다. 특히 호텔은 머물러야 할 지역에 원하는 숙박기간과 객실의 형태를 사전에 예약하는 것이 기본자세이다. 특별한 예정 없이 생활하면서 머무르는 경우에는 예약이 필요 없겠지만, 그렇지 않고 정해진 코스대로 이동할 경우에는 반드시 일정에 따라 숙박에 관한 사항을 예약해야 한다.

나. 체크인

체크인(Check in)은 투숙절차를 밟는 것으로 숙박등록카드(Registration)를 작성하고 객실을 배정받아 객실 열쇠를 지급받는 것을 말한다. 호텔마다 약간의 차이는 있으나 정오에서 오후 2시경에 시작되는 것이 보통이다.

숙박등록카드에 기입해야 하는 사항으로는 성명과 주소, 여권번호(혹은 주민등록번호), 투숙과 퇴숙시각 등이 있다. 마지막에 꼭 사인을 함으로써 호텔 내 발생할지도 모를 불의의 사고 시 호텔의 투숙객으로서의 법적 지위를 가져 보상받을 수 있도록 한다.

대부분의 호텔은 고객이 도착한 후 고객의 요구에 따라 객실을 배정하며, 객실요금은 고객이 퇴숙(Check out)할 때 청구하는 것이 원칙이지만 스키퍼(Skipper : 객실 요금을 지불하지 않고 몰래 호텔을 빠져 나가는 고객) 방지를 위해 선불(Deposit)을 요구하는 경우도 있다.

다. 객실

대개 체크인이 완료되면 호텔직원이 객실까지 안내하는데, 이때 개인 짐은 종업원이 운반하도록 맡긴다. 호텔에 따라 서비스의 제공형태가 다양하지만, 종업원의 안내 서비스가 있을 경우 엘리베이터 안에서 종업원은 서비스에 대한 정보를 제공하기도 한다. 객실에 도착하여 추가로 필요한 사항이 있을 경우, 안내한 종업원에게 요구하면 서비스를 제공받을 수 있다.

객실에서는 안전과 다른 투숙객을 위하여 취사행위가 금지되어 있다. 간혹 커피나 차를 마실 수 있도록 커피메이커 등을 비치해 놓은 호텔도 있는데 라면을 끓여 먹거나 하는 일은 없도록 한다.

또한 리조트 호텔을 제외하고는 객실에서 입는 잠옷이나 반바지를 입고 나오거나 슬리퍼 등을 신고 로비를 활보하는 일이 없도록 한다. 객실을 벗어나는 순간부터 공공장소임을 잊어서는 안 된다. 호텔에는 많은 사람이 함께 투숙하기 때문에 쾌적한 분위기 가운데 편안하게 머물기 위해서는 정숙한 투숙 자세가 매우 중요하다. 객실문을 열어 놓고 TV를 크게 시청하거나 단체로 한방에 모여 큰 소리로 떠들어 다른 투숙객에게 피해를 주는 일이 없도록 하며, 문이 열린 다른 객실을 기웃거리는 행동을 하지 않는다.

1) 객실 이용 상식

❶ 객실 열쇠(Room Key)

대부분 호텔의 객실문은 닫히는 순간 잠기는 자동문이므로 객실 밖으로 나올 때는 반드시 열쇠를 가지고 나오도록 한다. 또한 호텔 밖으로 외출할 때에는 반드시 프런트에 열쇠를 맡기도록 한다. 분실할 경우도 많고 분실 시 도난의 위험이 있기 때문이다. 객실의 열쇠는 문을 여는 기능 외에 객실 내의 전원을 통제하는 기능도 가진 경우가 많은데, 이때는 문 바로 안쪽 벽면에 위치한 키 홀더(열쇠 보관함)에 꽂아두도록 한다.

❷ 텔레비전과 전화(Television & Telephone)

객실 텔레비전에는 일반 채널과 호텔 자체에서 개설해 놓은 자체 채널의 두 가지가 있다. 일반 채널은 그 나라의 텔레비전 방송국에서 송출하는 일반적인 프로그램 채널을 말하며, 자체 채널이란 호텔에 따라 조금씩 다르겠지만, 대개 호텔 내에 개설해 놓은 폐쇄회로이거나 유료 TV 시스템으로 되어 있는 채널로서 호텔전용 홍보용 채널을 비롯해 영화방영 채널, 스포츠 채널, 혹은 비즈니스 고객을 위한 24시간 CNN 뉴스 채널 등으로 다양하게 구성되어 있다. 이러한 자체 채널 시청은 객실 내에 비치되어 있는 프로그램 안내서나 이용안내서를 참고하면 된다.

객실 내에서 사용하는 전화는 객실 간 통화와 호텔 내부 부서와의 통화는 무료이지만, 그 외 전화는 자동으로 계산되어 체크아웃 시 지불하도록 되어 있다. 일반적으로 가격이 비싼 편이므로 전화카드를 구입하여 이용하는 것이 좋다.

한편 전화를 이용한 시스템으로 원하는 기상시간을 알려주면 지정된 시간에 전화벨을 울려 잠을 깨워주는 모닝콜(Morning Call) 서비스는 무료로 이용할 수 있다. 프런트에 부탁해서 이용하거나 최근에는 전화기 자체의 알람기능을 이용하는 경우가 늘어가는 추세이다.

❸ 룸 서비스와 냉장고 미니바(Room Service & Mini Bar)

객실에서 차나 식사를 하고자 할 때에는 룸 서비스를 이용한다. 호텔 내에 룸 서비스 메뉴가 비치되어 있으므로 메뉴를 보고 전화로 주문하면 되는데, 룸 서비스의 경우 레스토랑의 가격보다 10~15% 정도 비싼 경우가 많다. 한편 아침 일찍 식사를 하고 싶을 때에는 전날 밤에 행거 메뉴(Hanger Menu)에 미리 주문해 놓고 객실 문 밖의 문고리에 걸어두면 지정된 시간에 주문한 식사를 가져오므로 시간이 촉박한 아침에 이용하면 매우 편리하다.

객실의 냉장고 위에는 미니바가 갖춰져 있다. 미니바란 음료나 주류를 비롯해 가벼운 스낵류를 객실에서 간단히 즐길 수 있도록 해놓은 것으로 냉장고 위의 음식이나 과자는 대부분 돈을 낸다. 미니바를 이용한 후에는 비치되어 있는 계산서에 직접 표시한다. 미니바에 대한 계산은 체크아웃할 때 하면 된다. 냉장고에 있는 음료수를 마시고자 할 때는 자동시스템인지 확인해야 한다. 일본과 유럽 등의 고급호텔을 이용하다 보면 미니바가 자동식으로 되어 있어 홀더에서 꺼내는 순간 무조건 객실 사용료에 포함되는 경우가 있어 이용하지 않을 경우 증명을 해야 하는 번거로움이 생길 수 있다.

호텔이 들어서면 자그마한 탁자 위에 바나나 같은 열대과일 또는 포도주, 초콜릿 등이 놓여 있을 때가 있다. 침대 옆 탁자 위 음식, 욕실 안에 있는 생수는 대개 선물이다. '웰컴(Welcome)' 또는 '컴플리멘트리(Complimentary or With Compliment)'라고 쓰여 있으면 공짜란 뜻이다.

❹ 욕실(Bathroom)

유럽이나 미주를 방문하는 경우 사람들이 실수를 많이 하는 곳 중에 하나가 욕실이다.

- 샤워는 샤워부스나 욕탕 내에서 한다.
- 개인 전기용품 사용 시 전원이 110V인지 220V인지 어댑터가 맞는지 확인한다.
- 용도에 맞는 타월을 사용하자.

두 장씩 정리되어 있는 타월 중 제일 큰 타월은 목욕(Bath)타월로 목욕 후 전신을 감쌀 때 사용하는 것이고 중간 타월은 세면 시 사용한다. 손수건만 한 크기의 가장 작은 수건(Wash-rag)은 세면 시 물이 밖으로 튀지 않게 세면대 끝에 놓기도 하고 샤워 시 비누거품을 내는 용도로 쓰인다.

- 수도꼭지의 코르크를 확인하자.

영어권의 경우 더운물은 H(Hot), 찬물은 C(Cold)로 표시하지만 프랑스나 이탈리아 같은 경우 C(Chaud)가 더운물, F(Froid)가 찬물이므로 주의하자.

2) 기타 호텔 서비스

❶ 세탁(Laundry) 서비스

호텔 내에서는 작은 것이라도 빨래가 금지되어 있다. 호텔 내에서 세탁을 해야 한다면 양복장 안에 있는 빨래주머니에 세탁물을 넣고 전표에 방 번호와 품명을 적어 당번에게 주어 세탁을 맡긴다. 세탁 서비스는 옷의 세탁에서부터 옷의 다림질까지의 서비스를 말한다. 유료이며 이때 반드시 완성시간을 체크한다.

❷ 객실 메이크업(Make-up) 서비스와 DD카드(Do not Disturb Card)

호텔에서의 객실 메이크업(Make-up)이란 청소 서비스를 말한다. 투숙객이 외출 시 객실 내 청소를 희망하면 객실청소 및 정리정돈을 해주는 서비스를 말한다. 객실 메이크업(Make-up)은 하루에 한번씩 고객이 외출한 때를 이용해 룸 메이드가 하도록 되어 있다. 객실 내에서 중요한 작업 중이거나, 굳이 방해를 받고 싶지 않을 경우에는 객실 문 밖에 'DD(Do not Disturb) Card'를 걸어두면 룸 메이드가 객실청소를 위해 노크하는 등의 방해를 일체 하지 않는다. 이 카드는 객실 문 안쪽에 걸려 있다.

❸ 컨시어지(Concierge) 서비스

투숙객을 위해 고객의 손과 발이 되어 호텔 내의 각종 정보제공에서부터 가벼운 심부름 서비스 및 컴플레인 사항의 처리까지 고객을 위한 모든 서비스를 제공하는 것을 말한다.

고급호텔일수록 부가가치를 지닌 호텔 서비스가 많게 마련이다. 컨시어지 서비스가 바로 대표적인 고부가가치의 서비스로 현지 사정을 몰라 누군가의 도움을 받아야 할 경우, 혹은 문제가 발생한 경우 컨시어지의 도움을 받으면 거의 해결된다.

호텔에 따라 컨시어지라는 용어 대신 고객서비스부(GRO : Guest Relation Office), 당직지배인(Duty Desk) 등의 명칭을 쓰기도 한다.

❹ 비즈니스(Business) 서비스

호텔의 기능도 이제는 단순한 숙박 위주에서 벗어나 부대기능의 다양화와 충실화에 더욱 중점을 두려는 경향을 보이고 있다. 왜냐하면 호텔에서 단순 숙박이 아닌 업무를 보기 위해 머무르는 투숙객도 늘어나고 있기 때문이다. 비즈니스 호텔을 표방하는 호텔에 있어 부대기능으로 빼놓을 수 없는 것이 비즈니스센터인데, 현지 사정에 밝지 못한 경우 호텔의 비즈니스센터를 유용하게 활용하면 많은 도움을 받을 수 있다. 호텔에 따라서는 이러한 비즈니스센터의 일부 기능을 객실상품에 포함시켜 고급 비즈니스 고객전용 층을 EFL(Executive Floor)이라는 이름으로 운영하는 곳도 있다.

– 사무보조(복사, 번역 및 통역 등), 메신저 서비스(문서 수발 서비스, 우편 업무, 팩스 등), 각종 OA기기의 대여 및 사용(PC, 프린터기 등)

❺ 피트니스센터(Fitness Center)

피트니스 시설은 단순한 체력단련과 여가활용의 측면에서 고려되었지만 최근의 비즈니스 고객에게는 여행의 피로를 빨리 풀고 비즈니스에 더욱 열중하기 위한 필수시설로 인식되고 있다. 피트니스 시설을 이용하는 경우 호텔에 따라 무료인 경우도 있으며, 소정의 입장료를 내는 경우도 있다.

라. 체크아웃

체크아웃(Check out)은 숙박의 여정을 모두 마치고 제공받은 모든 서비스의 요금을 지불하는 절차를 의미하는 것으로 체크인 못지않게 중요한 것이다. 체크인 시 완불한 경우에도 반드시 체크아웃을 해야 한다.

체크아웃은 가능하면 신속한 서비스를 위해 사전에 프런트 데스크(Front Desk)에 체크아웃시간을 알려주는 것이 좋다. 체크아웃 시 객실의 짐은 본인이 직접 운반하는 것보다 호텔 직원에게 부탁하는 것이 자연스럽다. 참고로 이러한 서비스를 배기지 다운 서비스(Baggage Down Service)라고 한다. 또한 교통수단이 필요한 경우에도 호텔 직원에게 부탁하는 것이 좋다.

4. 식사 매너

테이블 매너가 완성된 것은 19세기 영국의 빅토리아 여왕 때라고 한다. 이 시대는 역사상 형식을 매우 중시하고 도덕성을 까다롭게 논

하던 때였다. 요리의 맛은 기본적으로 요리사의 솜씨나 재료에 따라 결정되는 것이지만, 함께 식사하는 사람이 어떻게 행동하느냐에 따라서도 식사의 맛과 질이 달라질 수 있다. 테이블 매너는 서로가 요리를 맛있게 먹도록 하고, 주위의 분위기를 더욱 즐겁게 하기 위함이다. 또한 테이블 매너는 뜻하지 않은 위험을 방지하기 위한 것이기도 하다.

글로벌 시대에 사회인으로서 갖추어야 할 테이블 매너에 있어서 동서양의 식문화를 이해하고, 식사 시 에티켓을 습득해서 사람들과의 관계성을 유지하여 성공적인 비즈니스를 달성할 수 있도록 한다.

가. 한식 테이블 매너

1) 한식의 특징

- 주식과 부식이 구분되어 있다.
- 주식으로는 밥, 죽, 국수, 만두, 떡국, 수제비 등이 있다.
- 부식으로는 육류와 어패류, 채소류, 해초류 등을 이용하여 국, 찌개, 구이, 전, 조림, 볶음, 나물, 생채, 젓갈 등의 조리법으로 만드는 반찬들이 있다.
- 곡물 조리법이 발달하였으며 맛이 다양하고 여러 가지 향신료를 사용한다.
- 모든 음식이 건강과 직결되어 있고, 좋은 음식은 몸에 약이 된다는 근본사상이 있다.
- 명절과 시식마다 만들어 먹는 음식이 다양하다.
- 상차림과 예법이 있어 유교적 영향이 깊고 의례를 중요하게 생각한다.

2) 식사 중 지켜야 할 기본적인 매너

❶ 식사 전

- 식사 전에는 손을 씻는다. 물수건을 이용할 경우 손만 닦고 다른

용도로 이용하지 않도록 한다. 가볍게 닦은 물수건은 잘 접어서 옆에 놓아둔다.

- 식사하기 위해 자리를 잡으면 몸치장을 단정히 하고 자세를 바르게 한다.
- 어른을 모시고 식사 할 때에는 어른이 먼저 수저를 든 다음에 아랫사람이 들도록 한다. 식사를 마칠 때에도 윗사람과 보조를 맞추는 것이 예의이다.
- 숟가락과 젓가락을 한 손에 들지 않으며, 젓가락을 사용할 때에는 숟가락을 상 위에 올려놓는다.

❷ 식사 중

- 젓가락은 한꺼번에 이것저것 반찬을 집지 않도록 주의한다.
- 식사할 때 자신이 좋아하는 맛있는 반찬만 골라 먹거나, 뒤적거리며 집었다 놓았다 하는 것은 남에게 불쾌감을 줄 수 있다.
- 한꺼번에 양 볼이 불룩하도록 많은 음식을 입에 넣지 않는다.
- 가시나 찌꺼기는 한곳에 가지런히 모으거나 여분의 접시를 이용하여 여러 사람이 함께 쓰는 식탁이 지저분해지지 않도록 해야 한다.
- 젓가락 맞추는 소리가 나지 않도록 하며 숟가락이나 젓가락을 그릇에 걸치거나 얹어 놓지 않는다.
- 밥그릇이나 국그릇을 손으로 들고 먹거나 마시지 않는다.
- 국이나 물을 마실 때 소리를 내거나 뜨거운 음식을 부는 것도 곤란하다. 숭늉이나 물을 마실 때에는 입 속을 양치하듯이 소리를 내지 않도록 한다.
- 여럿이 함께 먹는 음식은 각자 접시에 덜어 먹고 초장이나 고추장 같은 조미품도 접시에 덜어서 찍어 먹는 것이 좋다. 이때 자신이 먹던 숟가락을 이용하지 말고 여분의 숟가락을 이용한다.
- 탁한 국에는 밥을 말아 먹지 않는다. 그 이유는 음식을 섞는 것

이 좋지 않기 때문이다.

- 입에 음식을 넣은 채 이야기하지 않는다. 윗사람이 무엇을 묻거나 말을 건넬 때에는 먹던 것을 삼키고 나서 수저를 놓고 말하는 것이 예의이다.

❸ 식사 후

- 다른 사람들과 보조를 맞추어 서둘러 음식을 먹거나 지나치게 늦게 먹지 않도록 한다.
- 윗사람이 아직 식사 중일 때는 먼저 먹었다고 자리에서 일어나면 안 된다. 수저를 상 위에 내려놓지 말고 국그릇에 걸쳐 놓았다가 윗사람이 음식을 다 드신 후 얌전히 수저를 내려놓는다.
- 일행이 식사를 다 마쳤을 때에는 "잘 먹었습니다." 하고 인사하는 것이 좋다.

나. 레스토랑 테이블 매너

1) 서양식의 특징

한상차림으로 나오는 한식과는 달리 코스에 따라 순서대로 음식이 준비된다. 코스는 5~9코스 이상 등으로 다양하다.

2) 레스토랑 기본 매너

❶ 예약

- 식당에 가기 전에 전화로 미리 예약해 두는 것이 좋다. 원하는 자리를 선택할 수 있고 기다리는 불편함도 없앨 수 있기 때문이다.
- 시간의 여유를 가지고 예약하고 예약 시에는 자신의 이름, 연락처, 일시 및 참석자의 수를 알려준다.
- 원하는 자리를 요청한다.
- 중요한 자리라면 자리배치, 와인 선정, 요금, 결재방법을 미리 의논한다. 생일과 같은 특별한 날을 기념하기 위한 별도의 서비스를

받을 수 있는지 사전에 논의한다.

- 예약 전날에 예약을 재확인한다.
- 예약시간은 반드시 지켜야 하며, 확실히 지킬 수 있는 시간으로 한다. 예약시간을 지킬 수 없다면 미리 연락을 취한다. 사전 통보 없이 30분 이상 늦으면 예약이 취소돼 버리는 경우도 많다.
- 옷차림은 가급적 정장을 해야 한다.
- 후각적인 부분을 생각한다면 식욕을 감퇴시키는 짙은 향수나 화장품 사용도 지양한다.

❷ 착석 및 자리 배치

- 예약사항 및 이름을 확인한다.
- 보관소에 소지품을 맡긴다. 여성의 핸드백은 등 뒤나 발 옆의 바닥, 빈 옆좌석에 놓는다. 장갑이나 손수건은 핸드백에 넣거나 함께 뒤쪽에 놓는다.
- 식당 입구에서 웨이터가 자리를 안내해 줄 때까지 기다리며, 안내자가 없을 경우에는 호스트가 테이블을 선택한다. 안내를 받지 않고 여기저기 기웃거리면 다른 사람에게 방해가 될 수 있다.
- 상석과 말석을 구분하여 배치한다. 웨이터가 제일 먼저 빼주는 의자가 최상석이다. 이때 여러 명이 좌석을 서로 양보하는 것 또한 꼴불견이다. 다른 사람에게 폐를 끼칠 수 있으므로 주의한다. 의자에 앉을 때는 의자 왼쪽으로 들어가 앉으며, 여성이 의자에 앉을 때는 남성이 도와준다.
- 먼저 의자 뒤쪽으로 깊숙이 앉도록 하고, 식탁과는 대개 주먹 2개 정도의 간격을 둔다. 팔꿈치는 식탁에서 지나치게 옆으로 뻗지 않도록 하고, 식탁 위에 올려놓지 않는다.
- 손은 식사가 끝날 때까지 양손을 되도록 큰 접시를 사이에 두고 가볍게 얹는다.

표 2_ 상석과 말석

상석	말석
• 웨이터나 웨이트리스가 먼저 빼주는 자리 • 입구에서 먼 곳 • 벽을 등진 곳 • 전망 좋은 곳	• 통로, 출입문에서 가까운 곳 • 벽 또는 출입문을 바라보는 곳
상석에 앉는 사람	**말석에 앉을 사람**
• 여성(특히 나이 많은 여성) • 외국 손님 • 처음 초대된 손님 • 사회적 지위가 높거나 유명한 분	• 주인 • 주인의 가족 및 친척

자료 : 국제비즈니스매너, 성현선·정지선, 새로미

❸ 올바른 기물 사용법

㉠ 냅킨(Napkin)

냅킨은 옷을 더럽히지 않게 하는 것이 주목적이지만, 그 외에 입을 닦거나 식사 도중 손에 소스나 버터, 잼 등이 묻었을 때 사용한다.

- 냅킨은 손님들이 모두 자리에 앉은 뒤, 이야기를 천천히 자연스럽게 하면서 냅킨을 편다.
- 식사 전에 인사말이나 건배를 하는 경우는 나중에 펴도록 한다.
- 냅킨의 방향은 두 겹으로 접힌 상태에서 접힌 쪽이 자기 앞으로 오게 하는 것이 정식이다.
- 테이블 위에 올려 '터는 듯' 펴는 것은 실례이다.
- 배나 비행기 안에서 냅킨을 목에 걸어도 되나, 일반적으로는 무릎에 올려놓는다.
- 물이나 술을 마시기 전, 입술을 미리 냅킨으로 눌러 닦아서 컵 가장자리에 더러움을 남기지 않는다. 냅킨으로 입술 립스틱을 닦거나 안경 혹은 땀을 닦는 것은 삼간다. 식탁에 물을 엎지른 경우에도 냅킨을 사용하지 않으며, 이때는 웨이터를 부른다.
- 모두 일어설 때까지는 냅킨을 무릎 위에 둔다. 간단히 접어서 식탁의 왼쪽이나 오른쪽 앞에 둔다.

㉡ 핑거볼

과일을 먹을 때, 튀긴 베이컨, 아티초크, 양갈비, 굴, 가재요리 등 손으로 음식을 먹을 때 따라 나온다. 한 손씩, 손가락 끝만 씻는 것이지 손가락 전체나 두 손을 넣는 행위는 삼간다. 냅킨으로 손을 가볍게 닦는다.

㉢ 포크와 나이프, 스푼

메뉴 종류에 따라 포크, 나이프, 스푼이 다르게 놓인다. 정식 식사에서 핑거볼 옆에 디저트 나이프와 포크가 따라 나온다. 일반적으로 포크는 왼쪽, 나이프는 오른쪽에 위치하며, 포크는 끝이 위를 보고 나이프 칼날은 안쪽을 향하게 한다.

식사 중에는 접시 중앙에 팔(八)자형이 되도록 놓되, 나이프 칼날은 안쪽으로, 포크는 엎어놓는다. 식사가 끝난 후 나이프는 오른쪽, 포크는 끝을 위로 보게 해서 안쪽에 나란히 놓는다.

- 채소는 반드시 포크로 먹는다.
- 콩이나 잘게 썬 채소 등은 포크를 오른손에 쥐고 먹어도 좋다.
- 음식을 나이프로 톡톡 두드리거나 포크로 쌓아올리지 않는다.
- 메뉴에 따라 나이프, 포크가 더 필요하면 보충해 주므로 사용한 나이프와 포크는 다시 쓰지 않는다.
- 나이프로 음식을 스푼 크기로 만든 뒤 포크 등에 얹는다.
- 식탁 위에 음식을 떨어뜨린 경우 포크로 접시의 한구석에 놓는다. 이것을 먹으면 안 된다.
- 나이프의 날을 혀에 대지 않는다.

그림 2_ 포크와 나이프의 위치

3) 양식 풀코스 식사법

서양음식은 한식과 달리 먹을 때 잘라 먹게 되므로 조리시간이 절약되는 동시에 원재료의 맛을 살릴 수 있고 조리과정에서의 영양 손실을 방지해 준다. 또한 건열을 이용한 오븐 요리가 많아 식품이 지닌 맛과 향을 그대로 살려준다. 그리고 식품배합에 따른 음식의 맛과 색, 담는 그릇과의 조화가 잘 이루어지는 특징이 있다.

❶ 양식 풀코스

음식의 제공순서는 양식의 경우 거의 동일한 형태로 구성되나 상황에 따라 코스가 생략되기도 한다. 일반적으로 7코스에서 12코스까지 제공될 수 있다.

- 애피타이저(appetizer)
- 수프(soup)
- 빵과 버터(bread & butter) 및 수프(soup)
- 생선요리(fish)
- 소르베(sorbet), 셔벗(sherbet)
- 주요리(main dish, entree), 후식(dessert)
- 샐러드(salad)
- 치즈(cheese)
- 디저트(dessert)

- 과일(fruits)
- 커피 또는 차(coffee or tea)
- 케이크(cake)

❷ 식사 중 지켜야 할 기본적인 매너

- 웨이터를 부를 때는 손가락을 튕기는 일이 없도록 한다. 부르고 싶을 때는 손가락을 살짝 세워 보이면 된다.
- 대화 도중 웨이터의 서빙이 있을 때 대화를 일단 중지하는 것이 예의이고 웨이터에게 질문할 때에는 서빙이 끝난 후에 한다.
- 식탁에 앉아 턱을 괴거나 나이프와 포크를 들고 흔들며 얘기하지 않는다. 위험이 따를 수 있고 품위를 떨어뜨리는 대표적인 행동이다.
- 입에 음식이 있을 때 음료를 마시지 않는다.
- 식탁에서 머리를 만지지 않는다.
- 정장 재킷은 상사나 주빈이 벗기 전에는 벗지 않는다.

4) 계산

음식에 대한 계산은 커피 혹은 식후주를 거의 마신 후 적당한 때에 앉은 자리에서 한다. 웨이터와 눈을 맞춘 후 계산하고 싶다는 신호를 보내면 계산서를 가져다준다. 계산을 각각 하는 경우라도 그 자리에서는 한 사람이 대표로 낸 후 밖으로 나와 정산을 한다. 팁(Tip)은 남의 눈에 띄지 않게 자연스럽게 주도록 한다. 계산을 끝낸 후 계산서를 다시 줄 때 팁을 준다거나 수고의 표시로 악수를 하면서 주는 것도 좋은 방법이다.

다. 봉사료 지불 매너

우리나라는 호텔이나 몇몇 레스토랑의 경우 요금의 10%를 계산서에 포함시켜 청구하고 있으며, 공식적으로는 봉사료 지불 문화가 없으므로 외국에서 종종 당황하는 경우가 발생하기도 하며 본의 아니게 '짠돌이' 같은 인상을 주기도 한다. 올바른 봉사료 지불 매너를 습득할 필요가 있다.

봉사료는 일반적으로 'Tip'이라고 하지만 'Gratuity'가 정중한 표현이다. 18세기 영국의 어느 술집 벽에 "신속하고 탁월한 서비스를 위하여 지불을 충분하게"라는 문구가 붙어 있었으며, 이 문구가 후에 'To Insure Promptness'로 바뀌어 이의 머리글자를 따서 'Tip'이 되었다고 한다.

서비스에 대한 봉사료는 너무 많지도 너무 적지도 않아야 하며, 적당한 액수는 상황이나 지역에 따라 차이는 있지만 대략 $1~2, 또는 계산서 총액의 10~15% 정도면 알맞다. 그리고 무엇보다도 지불할 때는 지나치게 드러내고 주지 않는 배려도 필요하다. 과시하듯 주는 것은 졸부와 같은 인상을 풍기므로 좋지 않다. 상황에 맞는 적절한 팁과 매너는 자신의 품위와 서비스하는 사람의 인격을 존중하는 하나의 격식이다.

1) 팁 지불 시 에티켓

❶ 돈이 보이지 않도록 해라

팁을 줄 때 돈이 보이게 주는 것은 실례니, 눈에 띄지 않을 만큼 돌돌 말거나 작게 접어서 손바닥을 아래로 향해 쥐어주는 것이 바람직하다. 돈이 보이지 않게 손바닥을 아래로 해서 건네는데, 예를 들면 도어맨에게는 자동차 열쇠를 주고받으면서, 웨이터에게는 식사 후 악수를 청하면서 팁을 건네는 것이 좋은 방법이다. 이때 고마움의 뜻을 함께 전하는 것은 필수이다.

❷ 액수를 확인하는 것은 금물

익숙지 않은 화폐라 가격 구분을 위해 직원이 보는 앞에서 이리저리 살펴보는 것은 예의에 어긋나는 일이다. 몰상식한 사람으로 치부되기 싫다면 미리 잔돈을 챙겨두도록 하자.

❸ 오래 머물 경우 팁을 한번에

호텔에서 오래 머물 경우 룸 메이드에게 팁을 마지막 날 체크아웃할 때 한번에 주면 된다. 마찬가지로 호텔 레스토랑에서도 계산서를 받았을 때 객실 번호와 영문 이름을 적고 사인을 한 뒤 마지막 날 체크아웃할 때 팁까지 한꺼번에 계산하면 편하다.

❹ 사교의 자리에서 여성과 남성이 같이 있을 경우 남성이 팁을 주도록 한다.

❺ 팁과 관련해서 무엇보다 중요한 것은 상식에 따라야 한다는 점이다.

2달러짜리 아침식사를 서비스 받았다고 해서 15%의 팁으로 30센트를 내는 것은 잘못된 팁 계산이다. 적어도 50센트는 내야 하고 여러 차례에 걸쳐 커피 서비스를 받았다면 1달러를 줘야 한다.

❻ 디스카운트 서비스를 받게 됐을 경우라 할지라도 팁은 정상적인 지불 금액을 기준으로 내야 한다.

가령 20달러짜리 음식을 디스카운트받아 10달러에 먹었다면 팁은 1달러 정도가 아닌 2~3달러를 줘야 한다.

Service Power Story

어느 호텔의 신입사원 면접시험에서 지원자들의 영어 실력을 테스트하고 있었다. 면접관이 '외국인이 무역센터에서 우리 호텔을 찾고 있다. 영어로 알기 쉽게 설명하라'고 주문했다. 많은 지원자들이 나름대로 열심히 자신들의 영어 구사능력을 발휘하면서 설명하는데 한 지원자가 이렇게 대답했다.

"Follow me!(저를 따라오세요!)"

그 순간 모든 면접관들이 파안대소했다고 한다. 물론 그 지원자는 재치와 유머를 높이 인정받아 합격했다.

외국어 구사능력을 키워라

외국어 구사능력의 부족으로 외국인 고객을 대할 때마다 경직된다면 그대의 마음과는 달리 부드럽고 편안한 느낌을 주지 못한다. 고객은 불편하고 딱딱한 그대의 서비스를 만나야 한다. 외국인의 사소한 질문에도 통역할 사람을 찾느라 외국인 고객을 기다리게 한다면 어떻게 신속하고 명쾌한 서비스를 제공한다고 할 수 있겠는가? 외국인 고객을 만나도 전혀 어색함 없이 자연스럽고 세련된 모습으로 고품격 서비스를 수행할 수 있어야 한다.

외국인 고객을 응대하면서 그대가 이러한 자연스러움과 세련된 서비스 태도를 취할 수 있는 것은 자신감이 바탕을 이루기 때문이다. 이 자신감은 그대가 가지고 있는 외국어 능력에 따라 좌우된다. 탁월한 외국어 구사능력은 단순히 의사 전달의 편리함을 넘어 서비스의 품격을 높여주는 립 서비스(Lip Service)를 추가로 제공할 수 있게 만든다.

외국어 구사능력은 최고의 서비스를 지향하는 그대에게 없어서는 안 될 고품격 서비스 도구이다. 꾸준한 자기 계발을 통한 외국어 구사능력의 향상은 단순히 그대의 능력 배양의 의미를 넘어서 회사의 경쟁력을 강화시켜 주고 고객의 절대 만족에 이르는 지렛대 역할을 할 것이다.

Service Power Story

서비스를 제공하는 담당자의 행위 자체가 곧 상품이다. 따라서 서비스 상품의 품질은 서비스 담당자의 능력에 따라 달라지게 마련이다.

우수한 외국어 구사능력을 겸비한 서비스 담당자는 그 자체가 곧 조직의 경쟁력이다. 이제 경쟁력 있는 서비스는 단순히 미소·친절과 고객을 존중하는 마음으로만 이루어지지 않는다. 실질적인 능력이 서비스의 질을 좌우하는 시대가 도래한 것이다.

『서비스달인의 비밀노트 1』 중에서

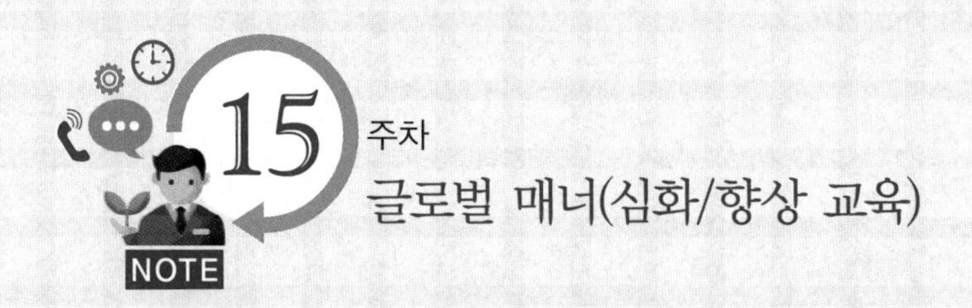

15주차
글로벌 매너(심화/향상 교육)

참고문헌

『고객서비스개론』, 박인주·유진선, 새로미.
『고객서비스실무』, 박혜정, 백산출판사.
『고객서비스입문』, 박혜정·김남선, 백산출판사.
『고객서비스전략』, 일레인 해리스 지음, 이은희·김경자 옮김, 시그마북스.
『고객서비스테크닉』, 원웅희, 백산출판사.
『고객의 마음을 읽는 기술』, 안미헌, 경향BP.
『고객의 영혼을 사로잡는 50가지 서비스 기법』, 안미헌, 거름.
『관계, 소통 & CS 경영』, 유덕진, 의학서원.
『관광서비스론』, 권혁률, 현학사.
『국제매너와 에티켓』, 김성근·정승환, 석학당.
『국제비즈니스 매너 : 이문화 커뮤니케이션』, 성현선·정지선, 새로미.
『글로벌 매너 완전정복』, 오흥철·함성필·Dury Chung·곽병휴·윤승자·유나연·박소영, 학현사.
『글로벌 매너와 인성』, 권봉숙, 서원미디어.
『글로벌 매너 5W1H』, 김지아·유정아·박혜정, 지식인.
『글로벌 문화와 매너』, 이기홍·이경미, 한올출판사.
『기본매너와 이미지메이킹』, 남혜원·전정희·전인순, 새로미.
『끌리는 사람은 1%가 다르다』, 김민규, 더난출판사.
『눈치코치 직장매너』, 허은아, 지식공작소.
『매너와 에티켓』, 안대희·박종철, 대왕사.
『매너와 이미지메이킹』, 최기종, 백산출판사.
『매력이 넘치는 매력 플러스』, 이정원·이준호·박명순·권정임·신은미, 교문사.
『맨주먹 서비스로 성공하라』, 권오정·길현섭, 예가.
『메라비언 법칙』, 허은아, 위즈덤하우스.
『병원 서비스 코디네이터 길라잡이』, 임혜경·김정아, 새로운사람들.

『비즈니스 매너』, 서철현·도은숙, 대왕사.
『비즈니스 매너와 글로벌 에티켓』, 오정주·권인아, 한올.
『비즈니스 커뮤니케이션』, 임창희·홍용기·채수경, 한올.
『비폭력대화』, 마셜 B. 로젠버그 저, 캐서린 한 옮김, 바오출판사.
『서비스 리더십과 커뮤니케이션』, 박소연·변풍식·유은경, 한올.
『서비스 매너』, 미래서비스아카데미, 새로미.
『서비스 매너』, 장순자, 백산출판사.
『서비스 시에 필요한 기본 매너와 이미지 메이킹』, 남혜원·전정희·전인순, 새로미.
『서비스 운영론』, 강미라, 새로미.
『서비스 이해』, 김근종, 새로미.
『서비스경영』, 이정학, 기문사.
『서비스네비게이션』, 김영훈·나현숙 엮음, 아카데미아.
『서비스마케팅』, 이유재, 학지사.
『서비스실무』, 박혜정, 백산출판사.
『서비스에 승부를 걸어라』, 조관일, 21세기북스.
『서비스와 이미지메이킹』, 이향정·강미라, 백산출판사.
『서비스프로듀서의 고객감동 서비스&매너연출』, 이준재·허윤정, 대왕사.
『서비스BASIC』, 삼성에버랜드서비스아카데미, 삼성에버랜드.
『성공적인 비즈니스 커뮤니케이션』, 강인호·김영규·홍경완·박미옥, 새로미.
『얼굴경영』, 주선희, 동아일보사.
『예절과 서비스』, 김은희, 대왕사.
『완벽한 서비스를 만드는 화의 기술』, 강경희, 갈매나무.
『이런 직원 1명이 고객을 끌어모은다』, 데이비드 프리맨틀 지음, 조자현 옮김, 예인.
『이미지메이킹과 서비스매너』, 박정민, 정림사.
『이미지메이킹의 이론과 실제』, 김경호, 높은오름.
『인파워&서비스이미지메이킹』, 이인경, 백산출판사.
『자기계발사전』, 자기경영연구소, 씽크북.
『직장예절』, 곽봉화, 새로미.
『행동하는 매너, 메이킹하는 이미지』, 지희진, 한올.
『현대인의 생활매너』, 이영희·박소연·박혜윤, 백산출판사.
『커뮤니케이션 예절』, 박소연·김민수·박혜윤, 새로미.
『프로패셔널 이미지메이킹』, 김영란·김지양·박길순·송유정·오선숙·주명희·홍성순, 경춘사.
『CS Leaders 관리사 2급』, CS Leaders 관리사 자격시험연구회 공저, 다솔커뮤니케이션.
『CS는 행동이다』, CS PEOPLE, 도서출판 두남.
『CS란』, 김숙희, 새로미.
Schmenner, R.W.(1986), How can service business service and prosper? Sloan Management Review, 27(3): 25.
Brian Tracy(2002), Be a Sales Superstar, San Francisco: Berret-Koehler.
뉴스엔, 2008년 03월 10일자. 얼굴 예뻐지는 방법? 성형수술 아니라 '개구리 뒷다리~!'
http://www.newsen.com/news_view.php?uid=200803091534381001

● 저자 소개

문소윤

영남대학교 학사
계명대학교 대학원 석사
계명대학교 대학원 박사과정

現) 레브아이컨설팅 대표
계명문화대학교 외래교수
대구보건대학교 외래교수
대구공업대학교 외래교수
병무청 사회복무연수센터 초빙강사
대구시교육청 대구학부모역량개발센터 교육강사

◦ 경력사항

석세스이미지컨설팅 원장
LG전자 한국서비스아카데미 강사
GS리테일 서비스아카데미 인재육성팀 강사
삼성전자로지텍 물류센터 강사
삼성전자 부국물류 비상임강사
경북교통연수원 초빙강사
한국가스공사 비서
HOTEL Inter-Burgo Front Desk Clerk
한국서비스진흥협회 자격시험 출제위원

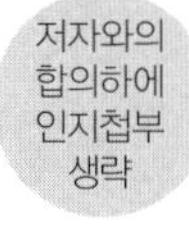

서비스 파워

2015년 9월 5일 초판 1쇄 발행
2016년 9월 5일 초판 2쇄 발행

지은이 문소윤
펴낸이 진욱상
펴낸곳 백산출판사
교 정 성인숙
본문디자인 오양현
표지디자인 오정은

등 록 1974년 1월 9일 제1-72호
주 소 경기도 파주시 회동길 370(백산빌딩 3층)
전 화 02-914-1621(代)
팩 스 031-955-9911
이메일 edit@ibaeksan.kr
홈페이지 www.ibaeksan.kr

ISBN 979-11-5763-102-5
값 16,000원